조용하고 끈질기게 살아남은
잡초들의 전략

조용하고 끈질기게 살아남은

잡초들의 전략

이나가키 히데히로 지음

이정환 옮김

🌱 나무생각

불가능을 기회로 바꾸는 잡초들

산책을 하면서 생각했다. 잡초는 왜 아무도 물을 주지 않는데, 이렇게 생기가 있을까? 마당의 잡초를 보고도 생각했다. 잡초는 왜 뽑아도 뽑아도 사라지지 않는 것일까?

잡초는 신비한 식물이다. 길가나 공원, 논밭 등 우리 인간이 만들어낸 어떤 환경에서도 살아남는다. 그런 잡초들이 사는 환경에는 공통점이 있다. '예측할 수 없는 변화가 발생한다'는 것이다. 잡초가 사는 장소는 언제 밟힐지 알 수 없고, 또 언제 뽑혀 나갈지도 모른다. 어느 날 갑자기 제초제가 뿌려질 수도 있고, 기계에 의해 잘려 나갈 수도 있다. 그러나 잡초는 그런 혹독한 환경을 오히려 즐긴다. 그리고 그런 환경을 적절히 이용하면서 멋지게 살아남는다. 잡초의 입장에서 '예측할 수 없는 변화'는 기회다.

지금은 '미래가 보이지 않는 시대'다. 무슨 일이 일어날지 알 수 없는, 예측할 수 없는 변화의 시대다. 무슨 일이 일어날지 알 수 없다는 현실은 누구에게나 불안감을 안겨준다. 그리고 사람들은 변화를 불안해한다. 하지만 잡초는 그런 예측할 수 없는 변화를 기회로 바꾸어 성공하고 있다.

'잡초 근성'이라는 말이 있다. 환경이 나빠도 말라 죽지 않고 생명을 이어가는 잡초에 비유하여 역경조차도 양식으로 삼는 근성을 의미하는 말인데, 거기에는 '열심히 노력하면 어떻게든 된다'는 메시지가 담겨 있다. 하지만 잡초가 사는 환경은 무조건 노력만 한다고 해서 해결이 될 수 있는 상황이 아니다. 말라 죽지 않고 생명을 이어가려면 나름의 세련된 전략이 있어야 한다. 이 책에서는 잡초의 그런 비밀을 파헤쳐 보고 싶다.

일본에서 식물학의 아버지로 불리는 마키노 도미타로牧野富太郎 박사는 "잡초라는 풀은 없다."라는 말을 남겼다. 또 잡초를 긍정적인 측면에서 살펴본《잡초 연구와 그 이용雜草の研究と其利用》이라는 책도 출간했다. 역경 속에서 야인으로 살았

던 마키노 박사는 그야말로 잡초 근성을 갖춘 사람이었다.

잡초라고 하면 아무것도 아닌 풀이 무심하게 자란 것처럼 생각할 수 있지만 그렇지 않다. 되풀이하지만 잡초가 사는 장소는 식물이 살아가기에는 너무 가혹한 환경이기 때문에 모든 식물이 살 수 있는 장소가 아니다. 즉, 우리가 별 생각 없이 바라보는 잡초는 실은 가혹한 환경에서 살아남은 일부 성공한 식물들이다.

이 책을 읽으면 틀림없이 주변의 잡초를 바라보는 눈이 바뀔 것이다. 그리고 막연하게 불안감을 느끼고 있던 예측할 수 없는 미래가 '성공이 보장되어 있는 미래'라는 사실을 깨닫게 될 수도 있다.

다시 한번 강조하지만, 잡초의 입장에서 볼 때 예측할 수 없는 변화는 기회다.

이제 이야기를 시작해 보자. 너무 재미있어서 시간이 가는 줄도 잊어버리게 되는 잡초에 관한 이야기다.

이나가키 히데히로

차례

들어가며 **불가능을 기회로 바꾸는 잡초들** 5

1장 어떤 잡초라도 나름의 생존 방식이 있다
조용한 생존경쟁의 비밀

예측할 수 없는 변화에도 강인하게 적응하다 — 바랭이 **14**

흔한 길이 아닌 자신의 길을 간다 — 금방동사니 **20**

땅바닥에 쓰러져도 살아남는 묘수가 있다 — 애기땅빈대 **25**

아스팔트 틈새에서도 꽃을 피우다 — 개미자리 **32**

곤충계 최강인 개미를 보디가드로 삼다 — 살갈퀴 **38**

칼럼 자세를 낮추는 것은 수비의 기본이다 **43**

2장 달콤한 꿀과 아름다운 꽃으로 유인하다

서로 보탬이 되는 윈윈 전략

이득이 되는 상대만을 선별하다 — 광대나물 50

상대의 결점까지 이롭게 활용하다 — 서양 갓 58

경쟁이 치열한 순간은 피해 살아남는다 — 민들레 63

가진 선택지는 절대 버리지 않는다 — 닭의장풀 71

다양성으로 살아남는다 — 둑새풀 77

적재적소를 실천하는 게 필요하다 — 고마리 83

어두운 밤에 피는 이유가 있다 — 달맞이꽃 87

칼럼 당연하다고 생각하는 것에도 이유는 있다 91

3장 목표를 세우고 끊임없이 도전하다

불안전한 환경을 이겨내는 발아 전략

역경을 기회로 이용하다 — 질경이 **102**

낯선 땅에서는 조력자를 이용한다 — 제비꽃 **107**

잠시 쉬는 것도 전략이다 — 냉이 **111**

기회가 오면 신속하게 일제히 싹을 틔운다 — 괭이밥 **116**

가장 중요한 것은 싹을 틔우는 시기다 — 도꼬마리 **122**

칼럼 솜털이 달린 씨앗의 작은 도전 **127**

4장 도태되지 않게 항상 한 걸음 앞서가다

어떤 환경에서도 살아남는 진화 전략

벼와 가장 비슷한 모습으로 살아남는다 — 강피 **136**

풀베기로 경쟁자가 사라진 곳에서 자라다 — 새포아풀 **142**

장소를 이동해 습지의 패자가 되다 — 갈대 **148**

단순한 형태에 진화의 흔적이 숨겨져 있다 ─ 억새 156

칼럼 뜨거운 태양 아래에서도 싱싱하게 자라다 164

5장 환경이 달라져도 유연하게 적응하다
변화를 두려워하지 않는 대응 전략

환경에 맞추어 자유자재로 변화한다 ─ 개망초 172

단순하고 낡은 시스템이지만 강하다 ─ 쇠뜨기 180

혼자만의 승리는 오래가지 않는다 ─ 양미역취 187

기생해서 살아가는 것은 쉽지 않다 ─ 새삼 194

필요 없는 개성은 만들지 않는다 ─ 뿌리뱅이 199

마치고 나서 잡초의 수만큼 생존 전략도 자유롭고 극적이다 205

1장

어떤 잡초라도
나름의 생존 방식이 있다

조용한 생존경쟁의 비밀

예측할 수 없는 변화에도
강인하게 적응하다

바랭이(볏과)

줄기와 줄기를 엇갈리게 걸어서 힘을 겨루는 '풀씨름'이 있다. 서로 잡아당겨 끊어지지 않는 쪽이 이기고 끊어지는 쪽이 진다. 이 풀씨름에 자주 사용되는 잡초로 바랭이가 있다. 일반적으로 바랭이는 바랭이끼리, 왕바랭이는 왕바랭이끼리 풀씨름을 하는데, 만약 바랭이와 왕바랭이가 겨룬다면 어느 쪽이 강할까?

일본에서는 바랭이를 '메히시바(雌日芝, 여기서 '메雌'는 암컷을 뜻한다)', 왕바랭이를 '오히시바(雄日芝, 여기서 '오雄'는 수컷을 뜻한다)'라고 표기한다. 즉, 암컷과 수컷으로 구분한다. 사실 바랭이와 왕바랭이는 전혀 다른 식물이다. 하지만 바랭이는 여성스러운 부드러움을 느끼게 하고, 왕바랭이는 남성스러운 강인함을 느끼게 한다는 이유에서 이런 식의 이름이 붙었다.

풀씨름을 하면 왕바랭이 쪽의 승률이 훨씬 높다. 왕바랭이는 줄기의 바깥쪽이 단단한 껍질로 덮여 있어, 사람이 찢으려 해도 좀처럼 찢기지 않는다. 한편 바랭이는 줄기가 쉽게 찢겨버린다. 하지만 놀랍게도 바랭이의 강인함은 이렇게 쉽게 찢기는 줄기에 있다.

쉽게 찢기는 줄기가 지닌 강인함

쉽게 찢기는 줄기의 장점은 무엇일까? 예를 들어 보자. 밭에서는 트랙터로 땅을 갈아엎는다. 잡초 입장에서 트랙터는 엄청난 위협이다. 바랭이도 트랙터의 날에 의해 줄기가 갈기갈기 찢겨버린다. 그러나 이것이야말로 바랭이의 작전이다.

바랭이의 줄기를 자세히 들여다보면 여기저기에 마디가 있다. 이 마디마다 새로운 뿌리나 싹이 나온다. 줄기가 찢겼다는 것은 그만큼 줄기의 수가 증가한다는 뜻이다. 즉, 바랭이는 트랙터 등 사람들의 농작업을 통하여 수를 늘린다.

낫으로 베도 바랭이의 줄기는 찢어진다. 만약 잘린 풀을 방치하면 어떻게 될까? 사람들은 깨끗하게 제거했다고 생각하지만 줄기 조각이 땅바닥에 떨어지면, 바랭이는 그 장소에서 다시 자라난다.

밭을 갈거나 풀을 베는 행위가 이루어지는 밭이라는 환경은 잡초 입장에서는 매우 위험한 장소다. 그렇기 때문에 살아갈 수 있는 잡초의 종류는 많지 않다. 따라서 밭에서 살아가는 잡초는 사실 잡초 중에서도 선택받은 엘리트다.

풀씨름에서 강인함을 발휘하는 왕바랭이도 밭의 잡초로는 살아가지 못한다. 밭 주변에서는 흔히 볼 수 있지만 경작된 밭 안에서는 보기 어렵다. 왕바랭이는 강인한 모습으로 당당하게 서 있지만 트랙터나 낫에 의해 잘리면 그것으로 끝이다. 땅에 강하게 뿌리를 내리고 있는 왕바랭이를 뽑기는 어렵지만 낫으로 잘라버리면 그만인 것이다. 바랭이와 비교하면 나름 약한 존재다.

그렇다고 왕바랭이가 약하기만 한 것은 아니다. 줄기가 튼튼한 왕바랭이는 밟히는 데는 이골이 났다. 그만큼 매우 강하다. 다른 잡초가 살 수 없을 정도로 자주 밟히는 땅에서 지면을 기듯 살아가는 것이 왕바랭이다. 바랭이와 왕바랭이는 각

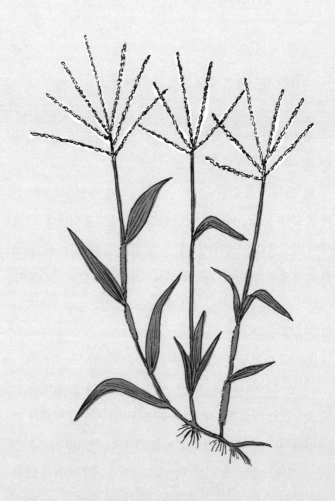

바랭이

각 다른 나름의 강인함이 있다.

식물의 강인함을 결정하는 세 가지 요소

잡초뿐만 아니라 식물 전체에 해당하는 식물의 '강인함'에
는 세 가지 요소가 있다.

첫 번째는 경쟁에서 이기는 강인함이다. 식물 세계에서는
항상 빛이나 물을 빼앗기 위한 격렬한 경쟁이 일어난다. 이 경
쟁에서 승리하는 것이 강인함이다. 깊은 숲속에서 무성하게
잎을 펼치고 있는 커다란 나무는 그야말로 경쟁의 승리자다.
식물의 강인함은 이처럼 경쟁에서 승리한 강인함을 가리키는
경우가 많다.

그러나 다른 강인함도 존재한다.

두 번째는 견뎌내는 강인함이다. 예를 들어 물이 없는 사
막에서 사는 식물은 다른 식물을 이기려고 경쟁할 필요가 없
다. 그들에게 필요한 것은 건조함을 견뎌내는 능력이다.

세 번째는 변화를 이겨내는 강인함이다. 경작되거나 밟히
거나 잘리거나…. 언제 무슨 일이 발생할지 전혀 알 수 없다.

예측 불가능한 그런 변화가 잇달아 발생하는 환경에서 필요한 것은 경쟁에서 이기는 강인함도, 견뎌내는 강인함도 아니다. 바로 변화를 이겨내는 강인함이 필요하다. 잡초라고 불리는 식물은 이 세 번째 능력이 뛰어나다.

이것은 식물 전체에 해당하는 이야기이지만 예측 불가능한 변화에 대응하는 능력이 우수한 잡초 역시 각각의 강인함을 갖추고 있다. 경작을 당하거나 잘려도 살아남아 증식하는 바랭이는 잡초 중에서도 변화를 이겨내는 강인함이 매우 뛰어나다. 밟힘을 이겨내는 왕바랭이는 견뎌내는 강인함이 뛰어나다. 또 잡초가 사는 환경 중에서도 스트레스가 적거나 변화가 적은 장소에서는 경쟁에서 이기는 강인함이 중요하다.

잡초를 자세히 관찰해 보면 환경에 따라 다양한 종류들이 보인다. 잡초는 어디에서나 산다는 이미지가 있지만 사실은 각각의 강인함을 발휘할 수 있는 장소에서 살고 있다.

그렇다면 물어보자. 당신의 강인함은 무엇인가?

바랭이에게 배운다 ————
자신이 강인함을 발휘할 수 있는
장소를 생각해 보자.

흔한 길이 아닌
자신의 길을 간다

금방동사니(금방동사니과)

삼각형은 가장 적은 수의 변으로 구성되며, 그 조합으로 사각형이나 육각형을 만들 수 있는 도형의 최소 단위다. 가장 적은 수의 변을 이용해서 낭비 없이 만들어졌기 때문에 같은 단면적이라면 외부에서 주어지는 힘에 저항하는 데 가장 강한 도형이다. 그 때문에 다양한 것들이 삼각형 구조를 이룬다. 자전거 프레임이 삼각형 모양이고, 철교나 도쿄타워에서 볼 수 있는 트러스 구조truss structure도 삼각형 조합이다.

식물의 줄기는 대체로 원기둥 형태를 띠지만 삼각기둥 형태도 있다. 그 한 예가 금방동사니다. 금방동사니의 줄기를 만져보면 각이 졌고, 줄기를 꺾어보면 단면이 삼각형이다. 즉, 금방동사니의 줄기는 튼튼한 삼각기둥이다.

삼각기둥 형태로 생긴 줄기는 매우 강하다. 그렇다면 다른 식물도 삼각기둥 줄기로 진화되었어야 하는 게 아닐까?

왜 대부분의 식물 줄기는 둥글까

금방동사니의 줄기는 단단하다. 강한 삼각기둥 줄기의 외부가 단단한 표피로 덮여 있어서 강인함을 유지한다. 그러나 삼각기둥 줄기에는 결점이 있다.

둥근 줄기는 중심으로부터의 거리가 모두 같기 때문에 어떤 방향으로든 일정한 압력으로 구석구석의 세포까지 물을 보낼 수 있다. 하지만 삼각기둥 줄기는 중심으로부터의 거리가 다르기 때문에 물이 구석의 세포까지 고루 도달하기 어렵다. 그 때문인지 금방동사니는 수분이 풍부한 습한 장소에 분포하는 경우가 많다.

그러나 줄기가 삼각기둥 형태이기 때문에 물이 구석구석 도달하지 않는다는 것은 큰 문제가 아니다. 현실적으로 금방동사니는 건조한 길가나 밭에서도 볼 수 있다. 만약 습한 장

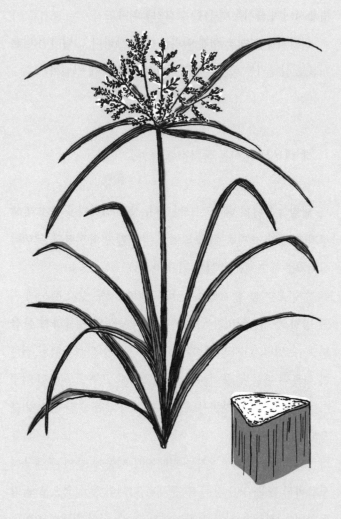

금방동사니

소에 서식해야만 그 문제가 해결된다면 삼각기둥 줄기를 가진 식물들은 모두 습지에 살아야 할 것이다.

굳이 삼각기둥 줄기를 선택한 이유

삼각기둥 줄기가 강한 것은 분명한 사실이다. 그러나 아무리 강하다고 해도 예상 밖의 강한 물결이 밀려오면 쉽게 부러져 버린다. 반면, 단면이 둥근 줄기는 어떤 방향으로도 구부러질 수 있다. 그리고 줄기가 휘기 때문에 외부로부터 가해지는 힘을 피할 수 있다.

강한 물결을 견딜 수 있는 것이 강인함이라면, 강한 물결을 거스르지 않고 피하는 것 역시 강인함이다. 이것이 대부분의 식물이 단면이 삼각형인 줄기를 채용하지 않는 큰 이유다. 그렇다고 금방동사니가 실패한 식물이라는 의미는 아니다. 금방동사니의 친구들은 종류가 많고 세계 각지에 번성하고 있다. 더구나 습지뿐 아니라 건조한 토지나 도시 지역 등 다양한 환경에 분포되어 있다. 아름다운 꽃을 피우지는 않아 눈에 띄는 존재는 아니지만 나름대로 성공을 거두었다고 볼 수 있다.

잡초는 각각 자신의 강인함을 발휘할 수 있는 장소에서 활약한다. 삼각기둥 줄기도 지나치게 강한 힘에는 패할지 모르지만 어지간한 힘에는 부러지는 일 없이 살아남을 수 있다. 둥근 것보다 삼각기둥 줄기가 유리한 장소도 있다.

삼각기둥 줄기는 강하다는 것뿐만 아니라 '다른 식물과 다르다'는 데에도 의미가 있다.

금방동사니에게 배운다 ─────

자신의 차별화 포인트를 찾아내
살린다.

땅바닥에 쓰러져도
살아남는 묘수가 있다

애기땅빈대(대극과)

잡초는 '밟혀도 밟혀도 다시 일어난다'는 이미지가 있다. 그런 이미지 때문에 "잡초 같은 정신으로 최선을 다해야 한다.", "잡초처럼 끈질기게 버텨야 한다."라고 말하며 '노력'을 강조하는 사람도 있다. 그러나 잡초의 실제 모습은 다르다.

사실 잡초도 밟히면 일어날 수 없다. 한 번 정도는 모르지만 몇 번을 계속해서 밟히면 일어날 수 없다. 밟히면 일어나지 못하는 것이 잡초의 진짜 모습이다. 이 모습에 어쩌면 실망할지도 모른다. 이래서야 잡초의 정신을 내세우기도 민망하다. 하지만 사실 이것이야말로 잡초의 강인함이다.

애당초 묻고 싶다. 왜 다시 일어나야 할까? 잡초 입장에서 가장 중요한 것은 무엇일까? 꽃을 피우고 씨를 남기는 것이다. 그렇다면 밟혀도 밟혀도 다시 일어난다는 것은 쓸데없는 노력이다. 그런 무의미한 일에 에너지를 사용하는 것보다는 밟혀도 어떻게 해야 꽃을 피울 수 있는지를 연구하는 쪽이 더 중요하다. 그리고 밟히면 씨를 남기는 데에 에너지를 쏟는 것이 훨씬 합리적이다. 그렇기 때문에 잡초는 다시 일어나는 쓸데없는 짓은 하지 않는다.

밟힌 잡초를 보면 밟혀도 충격이 별로 없도록 땅바닥에 드러누워 자란다. 밟혔기 때문에 옆으로 쓰러진 것처럼 보일지도 모르지만 그렇지 않다. 대부분의 잡초는 잎이 밟히는 자극을 받으면 식물 호르몬을 작용시켜 위로 뻗는 행위를 하지 않고 줄기를 옆으로 뻗는다. 위로 뻗으면 밟힐 경우 부러져 버리지만 처음부터 땅바닥에 눕듯 옆으로 뻗으면 밟혀도 줄기가 쓰러지는 일이 없고, 부러지는 일도 없다. 줄기를 옆으로 뻗어 사람들의 발길에 밟히면서도 가지고 있는 모든 에너지를 활용하여 꽃을 피운다. 그리고 확실하게 씨를 남긴다.

몇 번이고 다시 일어난다 해도 씨를 남기지 못한다면 의미가 없다. 그러니 이런 잡초의 전략은 밟혀도 일어난다는 근성론

보다 훨씬 합리적이다. 잡초는 생각보다 훨씬 강하고 튼튼하다.

위로 뻗는 것만이 능사가 아니다

주변에서 흔히 볼 수 있는 잡초 중에 애기땅빈대가 있다. 이 애기땅빈대도 밟히지 않는 장소에서는 줄기를 위로 뻗지만 밟히는 장소에서는 땅바닥에 잎을 찰싹 붙이고 옆으로 뻗어 나간다. 잎도 땅바닥에 달라붙은 것처럼 옆으로 퍼지는데, 위로 뻗는다는 생각은 처음부터 포기한 듯하다.

대부분의 식물은 위로 뻗는다. 식물은 위로 뻗는 것이 상식이다. 그런데 위로 뻗지 않고 옆으로 기어도 괜찮을까?

식물이 위로 뻗는 이유는 햇볕을 쬐기 위해서다. 광합성을 하는 식물은 햇볕을 쬐지 못하면 살 수 없기 때문에 가능하면 다른 식물보다 높은 장소로 잎을 보내야 한다. 그래서 식물들은 경쟁하듯 위로, 더 위로 뻗는다.

하지만 애기땅빈대는 다르다. 애기땅빈대는 사람들에게 잘 밟히는 장소에서 산다. 그런 장소에서 사는 식물은 많지 않다. 가지를 위로 뻗는다고 해도 밟혀서 부러져 버릴 뿐이다.

그런 장소에서 애기땅빈대보다 높게 뻗는 식물은 존재할 수 없다. 그 때문에 땅바닥에 누워 옆으로 뻗어도 애기땅빈대는 충분히 햇볕을 쬘 수 있다.

꽃도 꿀도 철저하게 비용을 줄여서 준비한다

그렇다면 꽃은 어떨까? 벌이나 등에 등 꽃가루를 운반해 주는 곤충의 눈에 띄려면 역시 꽃이 높은 위치에 있는 쪽이 유리하다.

땅바닥 가까이 꽃을 피워도 괜찮을까? 애기땅빈대는 꽃가루 운반을 벌이나 등에에게 의지하지 않는다. 애기땅빈대의 꽃가루를 운반하는 곤충은 땅을 기어다니는 개미다.

쉬지 않고 움직이는 개미는 땅 위에 뻗어 있는 애기땅빈대의 줄기를 타고 기어가 꿀을 모으고 입 주변에 묻은 꽃가루를 운반한다. 개미는 꿀 냄새만으로 모이기 때문에 벌이나 등에를 부르기 위한 화려한 꽃잎은 필요 없다. 더구나 상대가 개미라면 아주 작은 꽃을 피워도 되고, 꿀의 양이 적어도 된다. 이로써 비용을 상당 부분 절감할 수 있다.

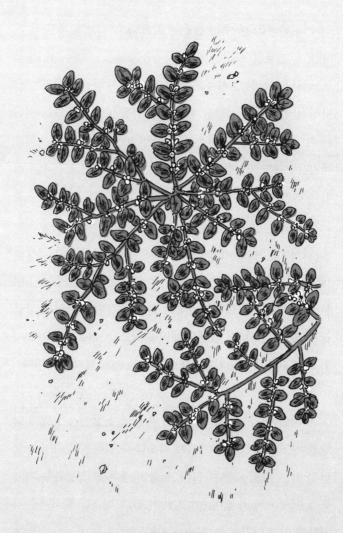

애기땅빈대

씨앗을 퍼뜨려 주는 든든한 파트너

씨앗은 어떨까? 식물은 바람에 의해 날리거나 튕기는 등 다양한 방법으로 씨앗을 퍼뜨린다. 바람에 날리든, 튕겨버리든 씨앗을 높은 곳에 두는 쪽이 멀리 퍼뜨릴 것 같다. 실제로 애기땅빈대는 씨앗을 튕겨서 퍼뜨린다. 그렇다면 높은 위치에 있는 쪽이 유리하다. 그러나 애기땅빈대는 씨앗 퍼뜨리는 걸 도와줄 믿음직한 파트너가 있다.

역시 개미다. 애기땅빈대의 씨앗을 발견한 개미는 그것을 개미굴로 운반한다. 씨앗 표면에 달콤한 당분이 묻어 있기 때문이다. 개미굴로 애기땅빈대의 씨앗을 가져온 개미는 당분을 다 핥아먹고 나서 씨앗을 개미굴 밖으로 내다 버린다. 개미의 이런 활동으로 애기땅빈대의 씨앗은 먼 곳까지 운반된다.

이처럼 애기땅빈대는 땅바닥에 붙어서 살아가기 위해 다양한 연구를 했다. 이렇게까지 각오할 수 있다면 땅바닥에 붙어서 사는 것도 나쁘지 않다. 식물의 생육을 측정하는 지표로 높이(풀의 키)와 길이(풀의 길이)가 있다. 비슷한 말처럼 들리지만 의미는 약간 다르다. 키는 땅바닥에서 줄기 끝까지의 '높이'다. 한편 길이는 뿌리에서 줄기 끝까지의 '길이'다. 양쪽 모두 같은 의미처럼 보인다. 확실히 위를 향해 똑바로 뻗어 있는 식물이라면 높이와 길이는 같다. 하지만 애기땅빈대의 경우에는 전혀 다르다. 옆으로 뻗은 애기땅빈대는 길이를 아무리 길게 뻗는다고 해도 높이가 높아지지는 않는다.

"식물은 위로 뻗어야 한다."

"다른 식물보다 높이 뻗은 식물이 성공한다."

애기땅빈대는 그런 식물 세계의 상식에 전혀 신경 쓰지 않는다. 생장에서 중요한 것은 높이가 아니라는 사실을 잘 알기 때문이다.

애기땅빈대에게 배운다 ─────

위만 바라보지 않고 옆으로 뻗는 것,

땅바닥을 딛고 사는 것도 생각해 본다.

아스팔트 틈새에서도
꽃을 피우다

개미자리(석죽과)

아스팔트 틈새에 작은 꽃을 피운 잡초가 보인다. 이런 장소에 싹을 틔우다니 안타깝다는 생각이 든다. 열심히 기를 쓰고 살고 있는 우리 자신의 모습이 겹쳐져 감성적인 기분에 사로잡힐 수도 있다.

하지만 정말 그럴까? 아스팔트의 잡초는 불쌍한 존재일까? 잡초 입장에서 볼 때 아스팔트 틈새가 그렇게 나쁘지 않은 장소처럼 보이기도 한다. 실제는 어떨까?

아스팔트 틈새에 자라는 잡초를 뽑기는 쉽지 않다. 아스팔트 아래로 뿌리를 내리고 있기 때문에 뽑으려 해도 줄기가 끊어질 뿐 뿌리째 뽑을 수는 없다. 줄기나 잎이 아스팔트 위로 뻗어 있으면 잎만이라도 제거할 수 있지만 아스팔트 틈새에 자라는 작은 잡초는 손을 쓸 방법이 없다. 물론 그렇게 작은 잡초는 신경 쓰이지 않으니까 뽑으려 하지도 않는다.

만약 나란히 자란다면 키가 작은 잡초는 그것만으로도 큰 잡초에 비해 여러모로 불리하다. 식물은 햇볕을 쬐지 않으면 광합성을 할 수 없기 때문에 그늘로 들어가지 않으려면 옆에 있는 식물보다 높아야 할 것이다. 그러나 아스팔트 틈새에서 자라는 작은 잡초 옆에는 경쟁 상대가 될 만한 식물이 거의 없다. 따라서 아스팔트 틈새에 숨어 있어도 햇빛을 충분히 받을 수 있다. 식물 세계에서 빛을 둘러싼 경쟁은 가혹할 정도로 극심하다. 그러니 경쟁이 없다는 것만으로도 식물에게는 큰 행복이다.

그뿐만이 아니다. 아스팔트 틈새는 흙 속의 수분이 증발하기 어렵고, 도로를 적시는 빗물이 아스팔트 틈새로 흘러들기 때문에 식물에 필요한 수분도 부족하지 않다. 아스팔트 틈새는 잡초에 그렇게 나쁘지 않은 쾌적한 장소다. 그래서 아스팔트 틈새에는 다양한 잡초들이 자란다.

가혹한 환경이나 조건에도 자연스럽게 적응하다

아스팔트 틈새를 적절하게 잘 이용하는 것은 개미자리다. 개미자리는 클로버로 불리는 토끼풀과 비슷하지만 전혀 다른 종류다. 토끼풀은 잎이 부드러워서 에도시대江戸時代*에는 유리 제품을 포장할 때 포장재로 사용되었다.

그런 토끼풀에 비해 개미자리는 맹금류의 발톱처럼 가느다란 잎을 가지고 있다. 가늘고 두께가 있는 잎은 수분이 빠져나가기 어려워 건조한 날씨에도 잘 버틸 수 있다. 그래서 아스팔트 틈새뿐 아니라 보도블록 경계같이 흙이 거의 없는 작은 틈새에서도 자란다. 보도블록의 경계가 녹색을 띠고 있어서 이끼인 줄 착각하는 경우도 많은데, 사실은 개미자리가 자라 있는 경우도 많다.

이끼처럼 보일 수 있는 겉모습이지만 개미자리는 석죽과 식물이다. 카네이션이나 패랭이꽃이 같은 과에 속한다. 또 안개꽃도 석죽과 식물이다. 개미자리는 도감에서는 키가 20센티미터 정도라고 설명되지만 실제로는 아스팔트 틈새가 아니

* 도쿠가와 이에야스가 세운 에도막부가 일본을 통치한 1603년부터 1868년까지의 시기를 가리킨다.

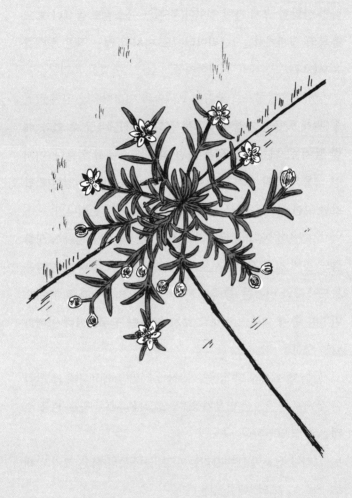

개미자리

라면 상당히 크게 자랄 것이다. 하지만 아스팔트 틈새나 보도블록의 경계에서는 1센티미터에도 미치지 않는 작은 형태를 유지한다.

원래 식물은 환경에 맞추어 몸의 크기를 바꿀 수 있다. 예를 들어 큰 나무도 분재를 하면 작은 모습에서 멈춘다. 이처럼 식물은 몸의 크기를 변화시키는 능력을 가지고 있는데 잡초는 그런 식물 중에서도 그 변화 능력이 특히 뛰어나다.

그뿐만이 아니다. 잡초의 장점은 아스팔트 틈새나 보도블록의 경계 같은 장소에서도 확실하게 꽃을 피운다는 것이다. 보도블록의 비좁은 틈새에 자라 있는 개미자리를 살펴보자. 반드시 꽃이 피어 있거나 그렇지 않다면 꽃봉오리나 열매가 달려 있다.

물론 잡초 이외의 식물도 조건이 나쁘면 생장하지 않고 작은 상태로 머무르는 경우가 있다. 생장이 나쁘니 꽃을 피울 수 없는 것도 당연하다.

그러나 잡초인 개미자리는 다르다. 아무리 작은 크기라 해도 꽃을 피우고 열매를 맺는다.

식물에 가장 중요한 것은 꽃을 피우고 씨앗을 남기는 것이다. 개미자리는 어떤 환경이라도 해도, 아무리 작은 모습이라고 해도 그 중요한 임무를 다한다.

개미자리에게 배운다 ————
무엇이 내게 가장 소중한지를
생각해 보자.

곤충계 최강인 개미를
보디가드로 삼다

살갈퀴(콩과)

식물은 벌을 불러 모으기 위해 꽃 안에 꿀을 감추고 있다. 그러나 꽃 이외의 장소에 꿀을 감춘 식물도 있다. 예를 들어 완두콩과 비슷한 홍자색 꽃을 피우는 살갈퀴라는 잡초는 잎의 끝부분에 꿀샘이 있다. 이 꿀샘은 벌이 아닌 개미를 불러 모으기 위한 것이다.

그렇다면 살갈퀴는 왜 개미를 불러 모으려는 걸까?

개미는 달콤한 꿀을 찾아 살갈퀴를 찾아온다. 개미에게 살갈퀴는 중요한 먹이 저장소다. 그래서 이 먹이 저장소를 지키기 위해 가까이 다가오는 곤충들을 물리친다.

사람들은 대개 개미를 하찮은 존재로 보지만 사실 개미는 곤충계에서 가장 강력한 존재라고 할 수 있다. 개미들이 집단으로 공격하면 어떤 곤충도 당해낼 수 없다. 그런 개미가 먹이 저장소로 접근하는 곤충들을 닥치는 대로 쫓아내 결과적으로 살갈퀴 근처에는 해충이 존재하지 못하는 것이다. 살갈퀴는 달콤한 꿀을 미끼로 해서 개미를 보디가드로 고용한 셈이다.

덧붙여, 살갈퀴와 함께 자라는 경우가 많은, 연보라색 꽃을 피우는 새완두라는 잡초는 꿀샘이 없다. 대신 곤충의 접근을 막는 항균물질을 몸속에 지니고 있다. 서로 비슷한 식물이지만 그 방어 전략은 전혀 다르다.

어쨌든 이렇게 꿀샘을 적절하게 활용하여 자신을 지키는 살갈퀴이지만 이상한 점이 하나 있다. 분명히 개미의 보호를 받는데 살갈퀴의 몸에 해충이 달라붙은 경우를 자주 볼 수 있다는 것이다. 식물의 해충인 진딧물이 무리를 지어 살갈퀴에 달라붙어 있다. 어떻게 된 일일까?

진딧물이 모여들게 만드는 것은 하나의 작전

사실 진딧물도 살갈퀴의 보디가드인 개미를 자기편으로 만드는 데에 성공했다. 진딧물은 엉덩이에서 달콤한 즙을 내보낸다. 이 달콤한 즙이 개미의 먹이가 되고, 개미는 진딧물의 보디가드가 되어 진딧물을 공격하려는 다른 곤충들을 몰아낸다.

진딧물을 잡아먹으러 오는 곤충은 살갈퀴의 입장에서는 익충이지만 개미는 상관없이 몰아낸다. 완전히 진딧물에게 회유되었기 때문이다.

개미는 마치 인간이 목장에서 소를 키우듯 진딧물을 돌본다. 진딧물이 개미를 이용하여 자신을 지키는 것이다. 진딧물은 살갈퀴의 즙을 빨아먹는 해충이다. 따지고 보면 진딧물의 몸에서 나오는 달콤한 꿀은 살갈퀴에서 빼앗은 것이니까 살갈퀴 입장에서는 정말 억울한 일이다.

그런데 최근의 연구에 의하면 이 진딧물이 모이게 하는 것도 살갈퀴의 작전 중 하나일지 모른다고 하니, 잡초의 전략은 정말 복잡하다.

살갈퀴

살갈퀴가 해충인 진딧물을 모이게 하는 이유는 아직 연구 중이기 때문에 명확하게 밝혀지지는 않았다. 다만 진딧물 중에는 살갈퀴에 해를 끼치는 종류와 해를 끼치지 않는 종류가 있고, 해를 끼치지 않는 종류가 무리를 이루고 있으면 해를 끼치는 종류가 침입하기 어렵다고 한다.

확실하지는 않지만 만약 해충인 진딧물까지 이용한다면, 살갈퀴의 작전은 상당히 주도면밀하다고 할 수 있다.

살갈퀴에게 배운다 ————
달콤한 보상을 준비해
조력자를 고용한다.

자세를 낮추는 것은
수비의 기본이다

잡초가 살아남으려면 혹독한 겨울을 이겨내야 한다. 잡초
들은 어떻게 겨울을 이겨낼까?

차가운 바람이 부는 겨울날에는 사람들이 등을 둥글게
만 듯한 모습으로 길을 걷는다. 표면적을 줄여 차가운 한기에
닿는 부분을 최대한 줄이기 위해서다. 체적당 표면적이 가장
작은 형태는 구球다. 그렇기 때문에 표면적을 줄이려면 최대
한 구 모양에 가까운 형태를 만들어야 한다. 반대로, 따뜻한
날에는 어떨까? 몸을 펴서 따뜻한 햇볕을 마음껏 쬔다.

우리 인간은 추운 날이냐 따뜻한 날이냐에 따라 자세를
바꿀 수 있다. 하지만 식물은 그렇게 움직일 수 없다.

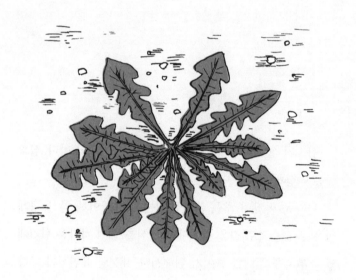

겨울 추위는 피하고 싶지만 햇볕은 마음껏 쬐고 싶다. 이 두 가지 욕구를 충족시키려면 어떻게 해야 할까? 겨울 땅 위를 내려다보면 잡초들이 줄기를 뻗지 않고 펼친 잎을 바퀴살 모양으로 겹쳐 땅바닥에 찰싹 달라붙어 있는 모습을 볼 수 있다. 이 스타일이야말로 잡초들이 겨울을 나는 대표적인 방법 중 하나다. 위에서 내려다보면 그 모습이 로제트rosette라는, 장미 모양의 리본 매듭과 비슷하기 때문에 이 스타일을 '로제트'라고 부른다.

로제트 형태로 겨울을 나는 식물들이 많은 이유

로제트는 매우 우수한 자세다. 줄기를 거의 뻗지 않고 따뜻한 지면에 바퀴처럼 잎을 펼쳐놓기 때문에 외부 공기와 접촉하는 것은 잎의 표면뿐이다. 또 겨울의 땅바닥은 공기에 비하면 의외로 따뜻하다. 더구나 잎은 펼쳐져 있어 확실하게 광합성을 할 수 있다.

이 로제트는 겨울을 이겨내는 스타일로 상당히 기능적이다. 민들레 같은 국화과의 잡초 그리고 냉이 같은 십자화과의 잡초, 달맞이꽃 같은 바늘꽃과의 잡초 등 꽃이 피면 전혀 다른 다양한 종류의 잡초들이 모두 비슷한 로제트 형태를 만들어 겨울을 난다.

로제트는 모두 비슷해 보이기 때문에 로제트만으로 종류를 식별하기는 매우 어렵다. 다양한 시행착오 끝에 각각 진화해서 로제트라는 비슷한 해답에 도달한 것이다.

배구나 야구 등의 구기, 씨름이나 유도 등의 격투기에서도 수비할 때는 자세를 낮추고, 총격전에서도 누구나 몸을 낮춘다. 낮은 자세를 취하는 것이 수비의 기본이다. 이 로제트는 추위뿐만 아니라 식물이 몸을 지킬 때도 기능적인 스타일이다. 그 때문에 겨울뿐 아니라 여름의 더운 시기나 건조한 시기에도 로제트 형태를 만들어 밟히기 쉽고 잘리기 쉬운 환경을 이겨내는 잡초가 많다.

애초 왜 추운 겨울에 잎을 활짝 펼치는 걸까

추운 시기에는 따뜻한 땅속에서 씨앗으로 잠들어 있는 쪽이 위험이 적다. 현실적으로 뱀이나 개구리도 땅속에서 잠을

잔다. 봄이 올 때까지 그렇게 땅속에서 지내면 된다.

그런데 로제트는 추운 겨울날 일부러 잎을 펼치고 있는 형태다. 그렇게 광합성을 지속하면서 영양분을 만들어낸다. 물론 로제트는 줄기를 뻗어 생장하는 행위는 하지 못한다. 그리고 광합성을 통해서 얻은 영양분을 땅바닥 아래의 뿌리에 축적한다.

봄이 되면 다른 식물들의 씨앗에서는 싹이 트기 시작한다. 그때 로제트 형태로 겨울을 이겨낸 식물은 어떻게 될까? 땅바닥 아래에 축적된 영양분을 사용하여 단번에 줄기를 뻗어 다른 식물들보다 앞서 일찌감치 꽃을 피우는 데 성공한다.

"봄이 오지 않는 겨울은 없다."라고 한다. 결국은 찾아올 봄을 위해 철저하게 준비하는 것이 바로 로제트 스타일이다. 이렇게 생각하면 로제트 형태를 만드는 잡초의 입장에서 겨울은 결코 싫기만 한 계절이 아니다. 이겨내기에 너무 힘든 계절도 아니다.

경쟁하는 식물들이 활동을 멈추고 잠들어 있는 겨울이라는 계절이 있기 때문에 로제트 스타일을 만드는 식물은 봄에 성공을 거둘 수 있다. 따라서 로제트는 결코 수비 스타일이 아니다. 힘을 비축해서 공격하기 위한 공격 스타일이다.

2장

달콤한 꿀과
아름다운 꽃으로 유인하다

서로 보탬이 되는 윈윈 전략

이득이 되는
상대만을 선별하다

광대나물(꿀풀과)

봄에 분홍색 꽃을 피우는 광대나물이라는 잡초가 있다.
일본에서 광대나물이라고 하면 '봄의 7가지 나물'*을 먼저 떠
올리는 사람이 있는데, 사실 이때 말하는 광대나물은 국화과
에 속한 다른 종류로, 도감에서는 '개보리뺑이'라고 불린다.

도감에 광대나물이라고 소개되는 것은 꿀풀과의 식물인
데, 초등학교 교과서를 통해서도 익숙한 잡초다. 광대나물은
곤충들이 꽃가루를 운반하도록 하기 위해 꿀을 이용해서 곤
충을 끌어들인다. 꽃을 따서 뿌리 부분을 빨면 달콤한 꿀맛

* 일본에서는 미나리, 냉이, 떡쑥, 별꽃, 순무, 무, 광대나물을 봄의 7가지 나
물이라 부른다.

이 나기 때문에 아이들은 학교에서 돌아오는 길에 광대나물
을 보면 따 먹으며 놀기도 한다.

테스트를 통과한 벌에게만 꿀을 준다

광대나물은 해결해야 할 문제가 몇 가지 있다. 그중 하나
가 '곤충 선별'이다.

꽃을 찾는 곤충들이 일을 하는 데는 각각 차이가 있다. 가
장 활동적인 곤충은 벌이다. 벌은 체력이 좋아서 멀리까지 꽃
가루를 운반할 수 있다. 만약 대가족을 이루는 벌이라면 자
신이 먹을 양보다 훨씬 많은, 동료들이 먹을 양까지 꿀을 모은
다. 벌이 꽃에서 꽃으로 날아다니면 그만큼 꽃가루도 많이 운
반하게 된다.

벌의 활동이 우수한 점은 이뿐만이 아니다. 벌은 다른 곤
충보다 머리가 좋고 꽃의 종류를 구분할 수 있다. 이것은 식물
의 입장에서는 매우 바람직하다. 꽃에서 꽃으로 날아다녀도
같은 종류의 꽃을 오가지 않으면 식물의 입장에서는 의미가
없다. 광대나물의 꽃가루가 민들레에 운반된다면 씨앗은 만

들어질 수 없고, 제비꽃의 꽃가루가 광대나물에 운반되어도 역시 후손을 남길 수는 없다. 같은 종류의 꽃을 돌아다니는 벌은 광대나물의 입장에서 매우 고마운 존재다.

꽃을 식별할 수 있는 벌은 꿀이 많은 식물을 선택하기 때문에 광대나물은 꿀을 듬뿍 준비하고 벌을 맞이한다. 그러나 문제가 있다. 광대나물이 벌을 위해 준비한 꿀을 노리고 다른 곤충들도 찾아오는 것이다. 힘들게 준비한 꿀을 벌에게만 주고 싶다면 방법을 연구해야 한다.

어떻게 해야 벌에게만 꿀을 줄 수 있을까? 이것은 비교적 해답이 간단한 문제다. 능력을 측정하는 테스트를 하면 된다. 인간도 누군가를 선별할 때는 테스트를 한다. 학교라면 입학 시험이 있고, 회사라면 입사 시험이 있다. 스포츠 팀이라면 입단 테스트가 있다. 정식 테스트가 아니더라도 비즈니스 상황에서는 잡담을 하거나 회식을 하면서 이 사람을 믿을 수 있는지, 이 사람과 손을 잡아도 되는지를 시험한다.

벌은 머리가 좋은 곤충이다. 그러니 머리가 좋은지를 테스트해서 그 테스트를 통과한 벌에게만 꿀을 주면 된다.

꽃을 숨겨 테스트하기

광대나물의 꽃은 옆으로 피어 위쪽 꽃잎이 꽃을 숨기듯 가리고 있다. 그리고 아래쪽 꽃잎에는 둥근 무늬가 그려져 있다. 이 무늬가 테스트다. 이 무늬는 "여기로 오세요."라는 사인이다. 이쪽으로 가면 벌은 옆을 향해 피어 있는 꽃 속까지 들어갈 수 있다.

이 뜻을 이해하지 못하는 파리나 등에는 광대나물의 꽃 위쪽에 앉는다. 그리고 꽃의 입구를 찾다가 결국 포기하고 떠나버린다. '옆을 향해 핀다'는 것 하나만으로 다른 곤충을 배제하는 것이다.

시험은 계속된다. 꽃의 입구는 안쪽으로 깊숙이 이어져 있다. 꿀을 얻으려면 꽃 속 가느다란 길을 따라 깊은 곳까지 들어갔다가 뒷걸음으로 나와야 한다. 이런 행동이 익숙한 곤충이 벌이다.

광대나물뿐 아니라 벌을 선별하는 꽃은 모두 비슷한 구조를 가졌다. 식물은 꽃의 형태를 복잡하게 만들어 벌만을 선별할 수 있도록 진화했다. 그리고 벌은 그 구조에 더욱 익숙해지도록 진화했다. 이렇게 꽃과 벌은 함께 진화를 이루었다. 결국

광대나물

광대나물은 벌에게만 꿀을 주는 데 성공했다.

그러나 문제가 남아 있다. 광대나물은 벌을 위해 꿀을 듬뿍 준비했지만 꿀이 너무 풍부하면 벌이 그냥 눌러앉아 버릴지도 모른다. 벌이 꽃에서 꽃으로 날아다녀야 꽃가루가 운반된다. 벌을 불러 모은 뒤에는 빨리 떠나게 해서 다음 꽃으로 날아가게 해야 한다.

벌을 불러 모으는 것보다 찾아온 벌을 빨리 떠나게 하는 것은 매우 어려운 문제다. 꽃과 벌의 관계는 아직 많은 수수께끼에 싸여 있다. 다만 광대나물은 꿀의 양을 분산시켜 놓는다는 사실이 밝혀졌다. 꽃의 꿀을 직접 빨아 먹은 적이 있는가? 가끔 꿀이 적은 경우가 있을 것이다. 꽃에 따라 꿀이 적기도 하고 많기도 한다. 그 경우 벌은 "어쩌면 옆에 있는 꽃에 꿀이 더 많을지도 몰라."라고 생각할 것이다.

광대나물의 작전이 교묘한 점은 어느 꽃에 꿀이 많은지를 알 수 없게 한다는 데에 있다. 만약 벌이 꿀이 많은 꽃에 앉았다고 해도 "어쩌면 다른 꽃에 꿀이 더 많을지도 몰라."라고 생각한다. 그리고 머리가 좋은 벌은 꽃에서 꽃으로 꿀을 더 많이 얻기 위해 날아다닌다. 벌의 좋은 머리를 역으로 이용한 작전이다.

아직 밝혀지지 않은 많은 문제들

꽃과 벌의 관계에는 아직 밝혀지지 않은 비밀들이 많이 있다. 광대나물을 찾아온 벌은 다음에도 광대나물의 꽃을 찾아 꽃가루를 운반한다. 그러나 벌의 입장에서 보면 어떤 꽃을 찾아가건 자유다. 굳이 광대나물의 꽃을 찾아갈 필요는 없다. 그런데 왜 벌은 광대나물에서 광대나물로 날아다니며 꽃가루를 운반할까?

광대나물의 꿀에 도달하려면 테스트를 통과해야 할 필요가 있었다. 같은 꽃으로 가면 같은 구조로 꿀을 얻을 수 있겠다는 계산이 섰을 것이다. 똑같은 문제가 나오는 입학시험 같은 것이다.

물론 벌로 하여금 꽃가루를 운반하게 하는 식물이라면 광대나물이 아닌 다른 종류도 비슷한 구조를 가지고 있기는 하다. 즉, 문제가 유사하다. 그러나 그것을 풀었다고 해서 확실히 꿀이 많을 것이라는 보장은 없다. 그보다 꿀이 듬뿍 들어 있다는 사실을 잘 알고 있는 광대나물의 꽃을 선택하는 쪽이 실패할 확률이 낮다. 그 때문에 벌은 다시금 광대나물 꽃을 찾아 날아간다.

이것도 벌이 머리가 좋은 곤충이기 때문에 그 현명함을 역으로 이용한 작전이다. 물론 벌의 입장에서도 그렇게 노력한 보수로 충분한 꿀을 얻는 것이니까 손해 볼 것은 없다. 이용당하고 있다는 사실을 알더라도 광대나물을 외면할 일은 없다. 그야말로 윈윈win-win의 관계다.

광대나물은 움직일 수 없다. 자신의 능력으로는 꽃가루를 운반할 수 없다. 그러나 문제는 없다. 머리 좋은 벌과 손을 잡으면 해결되니까.

광대나물에게 배운다 ————
머리 좋은 상대를 선별해서
손을 잡는다.

상대의 결점까지
이롭게 활용하다

서양 갓(십자화과)

광대나물에서 소개했듯 머리가 좋은 벌은 같은 종류의 꽃을 식별할 수 있다. 이것은 곤충에게 꽃가루 운반을 의지하는 식물에게 큰 도움이 된다.

그러나 문제도 있다. 벌을 불러 모으려면 꿀을 듬뿍 준비해야 한다. 즉, 비용이 많이 들어간다. 더구나 다른 꽃도 벌을 불러 모으기 위해 꿀을 준비하니까 경쟁 상대도 많다.

이렇게 되면 당연히 서비스 경쟁이 필요하다. 힘들게 꿀을 준비했는데, 벌이 다른 꽃으로 날아가 버리면 의미가 없다. 벌은 우수한 곤충이지만 벌에게만 의지하면 위험하다. 그래서 다른 조합을 짜야 할 필요가 있는데, 그 대상이 등에다.

등에라는 말을 들으면 피를 빠는 대형 쇠등에를 떠올리는 사람도 있을 것이다. 하지만 소형 등에의 동료 중에는 벌과 마찬가지로 꽃을 찾는 종들이 적지 않다. 물론 등에가 꿀에 접근하는 경우는 적다. 꿀을 듬뿍 준비한 꽃은 벌만이 꿀을 발견할 수 있도록 복잡한 구조를 발달시켰기 때문에 등에는 배제당한다.

등에가 꽃을 방문하는 이유는 꽃가루를 먹이로 삼기 때문이다. 그래서 등에는 꿀이 없어도 꽃을 찾는다. 식물의 입장에서 보면 꽃가루만 준비하면 되니까, 벌을 위해 꿀을 준비하는 것과 비교하면 들어가는 비용이 매우 적다.

그러나 이때도 큰 문제가 있다.

머리가 좋은 벌은 꽃의 종류를 식별해서 같은 꽃에 꽃가루를 운반하기 때문에 식물이 씨앗을 만들 수 있지만 등에는 그것이 불가능하다. 등에는 꽃의 종류와 상관없이 닥치는 대로 이 꽃 저 꽃을 날아다닌다. 같은 꽃에 꽃가루를 운반해야만 수정이 되어 씨앗을 만들 수 있는 식물의 입장에서 등에의 이런 행동은 매우 불리하다.

등에가 같은 종의 꽃을 돌아다니게 하려면

등에는 결점이 또 하나 있다. 벌은 멀리 날 수 있는 능력이 있지만 등에는 나는 능력이 떨어진다. 서양 갓은 '유채'라 불리는 십자화과 식물 중 하나인데, 무리 지어 피어 있는 잡초이기도 하다. 유채꽃은 꽃잎이 넉 장인 단순한 형태를 띤다. 이것은 벌이 아닌 등에가 꽃가루를 운반해 주기를 바라는 꽃의 구조다.

등에에게 꽃가루 운반을 의존하는 식물들에게는 공통된 특징이 있다. '무리를 지어서 핀다'는 것이다. 하늘을 나는 능력이 떨어지는 등에가 꽃가루를 운반하게 하려면 무리를 지어 피어 있으면 된다.

무리를 지어서 피어 있으면 등에가 닥치는 대로 돌아다녀도 같은 꽃을 오가게 된다. 더구나 등에는 하늘을 나는 능력이 떨어져 멀리까지 날아가려 하지 않는다. 그러니 근처에 꽃이 모여 피어 있으면 근처의 꽃들을 찾아다닐 것이다.

십자화과 중에는 갓처럼 사람의 손에 의해 재배되는 것도 있다. 그러나 서양 갓은 잡초인데도 모여 피어서 밭을 이룬다. 등에는 벌과 비교하면 현명하지 않지만 그것을 원망한다 해

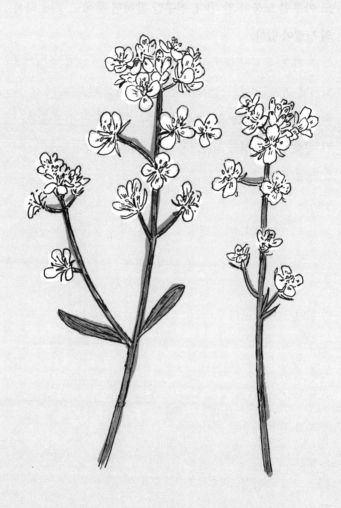

서양 갓

도 아무런 도움이 안 된다. 연구만 잘하면 등에도 등에 나름
의 장점이 있다.

서양 갓에게 배운다 ————
상대방의 결점을 적절하게 살려서 이용할
방법을 생각한다.

경쟁이 치열한 순간은 피해
살아남는다

민들레(국화과)

민들레는 등에에게 꽃가루 운반을 의존하기 때문에 봄에 군락을 이룬다. "무리 지어 피지 않고 혼자 덩그러니 피어 있는 민들레도 있는데…"라고 생각하는 사람도 있을 것이다. 그러나 무리 지어 피는 민들레와 외톨이로 피는 민들레는 종류가 다르다. 한 그루만 덩그러니 피어 있는 것은 서양 민들레라는 종류다.

민들레에는 일본 토종 민들레와 서양 민들레가 있다. 토종 민들레는 등에의 도움을 받아 수분을 하지만, 서양 민들레는 곤충의 도움 없이 혼자 힘으로 씨앗을 만드는 능력이 있다. 즉, 제꽃가루받이*를 한다. 그 때문에 한 그루만 덩그러니 피어 있어도 씨앗을 만들 수 있다.

그 밖에도 차이가 있다. 토종 민들레는 봄에만 피지만 서양 민들레는 계절과 관계없이 1년 내내 꽃을 피울 수 있다. 그때문에 몇 번이나 반복하여 꽃을 피우고 씨앗을 만든다.

그렇다면 봄에만 피고 곤충의 힘을 빌려 수분하는 토종 민들레와 1년 내내 꽃을 피우고 혼자라도 씨앗을 만드는 서양 민들레 중 어느 쪽이 더 우수할까?

이 비교만을 보면 곤충의 힘을 빌리지 않고 자신의 힘으로 씨앗을 만들 뿐 아니라 1년 내내 꽃을 피울 수 있는 서양 민들레 쪽이 훨씬 우수해 보인다. 그러나 반드시 그런 것만은 아닌 것이 자연계의 묘미다.

씨앗을 비교해 보면 어떨까? 서양 민들레는 토종 민들레보다 하나의 꽃에 맺히는 씨앗의 수가 많다. 더구나 씨앗은 작고 가볍기 때문에 더 멀리까지 날아갈 수 있다.

다시 비교해 보라. 수가 적고, 크기가 크고, 이동 거리가 짧

* 같은 개체의 암술과 수술 사이에서 행해지는 수분이다. 꽃의 꽃가루가 스스로 암술머리에 붙어 열매나 씨를 맺는다.

은 토종 민들레의 씨앗과 수가 많고, 크기가 작고, 이동 거리
가 긴 서양 민들레의 씨앗 중 어느 쪽이 더 우수할까?

씨앗의 특징을 보아도 서양 민들레 쪽이 우수한 것처럼 보
인다. 하지만 실제로는 그렇지 않다. 왜 그럴까?

사실 토종 민들레에는 서양 민들레에는 없는 뛰어난 특징
이 있다. 여름이 되면 잎이 말라버린다는 것이다. 여름에 말라
버리는 것이 왜 뛰어난 특징일까?

겨울잠이 아닌 여름잠으로 힘을 비축하다

토종 민들레는 그 지역의 자연을 잘 안다. 우리의 여름은
고온다습해서 아무것도 없던 공터도 순식간에 잡초가 자라
울창해진다. 큰 풀이 무성한 장소에서 작은 민들레는 광합성
을 제대로 할 수 없다. 1년 내내 꽃을 피우는 서양 민들레는
여름철에도 무리하게 꽃까지 피우려 하기 때문에 경쟁에서
지고 생존할 수조차 없다.

그에 비해 토종 민들레는 뿌리만을 남기고 스스로 잎을
말려버린다. 그렇게 다른 식물이 무성한 여름철을 쉬면서 보

낸다. 뱀이나 개구리가 겨울에 땅속에서 잠을 자는 것을 '겨울잠'이라고 하듯, 토종 민들레가 땅속에서 여름을 보내는 이 현상을 '여름잠'이라고 부른다.

그리고 가을이 찾아와 여름에 무성했던 풀이 마르는 시절이 되면 토종 민들레는 다시 잎을 뻗기 시작한다. 그렇게 겨울을 지내고 이듬해 봄에 꽃을 피운다. 즉, 다른 식물이 무성한 장소에서는 봄에만 꽃이 피는 토종 민들레 쪽이 서양 민들레보다 우수하다.

한편 서양 민들레는 도시의 길가처럼 다른 식물이 존재하지 않는 장소에 적합하다. 서양 민들레는 단 한 그루라도 혼자 씨앗을 만들 수 있다. 또 다른 식물의 방해를 받지 않으니까 1년 내내 꽃을 피워 계속해서 씨앗을 만든다. 물론 도시의 길가 같은 환경은 식물이 자랄 수 있는 흙이 적다. 씨앗이 생존할 수 있는 장소에 도달할 가능성이 높지 않기 때문에 많은 씨앗을 광범위하게 뿌려야 한다.

그에 비해 토종 민들레는 자연이 풍부한 장소에서 자란다. 멀리까지 씨앗을 뿌리는 것보다 주변에 씨앗을 퍼뜨리는 쪽이 생존 가능성이 높다. 더구나 주변에는 경쟁 상대가 되는 식물들이 싹을 틔울 가능성이 있으니까 경쟁력이 높은 싹을

민들레

남기려면 씨앗은 큰 쪽이 좋다.

많은 씨앗을 생산하려면 씨앗의 크기는 작아진다. 반대로 씨앗의 크기를 키우려면 생산할 수 있는 씨앗의 수는 적어진다. 그런 상황에서 토종 민들레는 큰 씨앗을 선택했고, 서양 민들레는 작은 씨앗을 선택한 것이다.

현재 서양 민들레는 그 세력을 확장하고 있고, 토종 민들레는 그 분포 지역이 줄어들고 있다. 그 때문에 서양 민들레가 만연하면서 토종 민들레를 몰아내고 있다는 견해도 있지만 옳지 않다.

토종 민들레와 서양 민들레는 각각 살아가는 장소가 다르다. 토종 민들레는 자연이 풍부한 장소를 좋아하고, 서양 민들레는 자연이 없는 장소를 좋아한다. 서양 민들레가 증가하고 토종 민들레가 줄어들고 있다면, 결국 우리의 자연이 그만큼 사라지고 있다고 봐야 한다.

추운 겨울에 힘을 비축한 식물만의 특권

토종 민들레의 전략은 '기피 전략'이다. 일반적으로 일본의 식물은 봄에 싹이 나고 여름에 무성해지며 가을에 시든다. 토종 민들레는 다른 식물이 누리는 여름철을 적절하게 피하고 있다. 더구나 다른 식물이 시들어가는 겨울 동안 잎을 펼치고 광합성을 하여 영양분을 축적한 뒤, 다른 식물이 아직 자라지 않은 봄에 꽃을 피운다.

토종 민들레가 등에를 파트너로 선택한 이유도 바로 여기에 있다. 등에는 기온이 낮은 시기에도 활동할 수 있기 때문에 벌이 활동을 시작하는 것보다 빠른 시기부터 날아다닌다. 또 등에는 노란 꽃을 좋아하는 성질이 있다. 그 때문에 이른 봄에 꽃을 피우는 식물은 등에가 좋아하는 노란색을 띠거나 무리를 지어 꽃밭을 만들기도 한다.

이처럼 이른 봄에 피는 식물은 다른 식물과의 경쟁을 피하는 '약한 식물'인 경우가 많다. 토종 민들레 역시 경쟁에 약한 식물이다.

다른 식물에 앞서 일찌감치 꽃이 피는 연약한 식물들. 이 식물들의 공통점은 겨울 동안 잎을 펼친다는 것이다.

아직 추운 계절에 꽃을 피워 우리에게 봄을 느끼게 해주는 꽃들은 대부분 겨울 동안 잎을 펼치고 있던 식물들이다.

이렇게 추운 겨울에 확실하게 준비하고, 힘을 축적한 식물들
만이 봄에 꽃을 피울 수 있다.

민들레에게 배운다 ─────────

치열한 순간을 피하는 방법으로
가혹한 경쟁에서 살아남는다.

가진 선택지는
절대 버리지 않는다

닭의장풀(닭의장풀과)

등에는 이른 봄부터 활동하며 노란색 꽃을 좋아한다. 그 때문에 등에에게 꽃가루 운반을 의존하는 식물은 이른 봄에 노란색 꽃밭을 만든다.

닭의장풀은 등에가 꽃가루를 옮겨주는 식물이다. 하지만 닭의장풀의 꽃은 선명한 파란색이다. 더구나 꽃이 피는 시기는 여름날 아침이다. 등에에게 꽃가루 운반을 의존하는 다른 식물과는 특징이 너무 다르다.

하지만 알고 보면 닭의장풀의 꽃은 정말 합리적이다. 닭의장풀의 수술은 노란색을 띤다. 노란색과 보색 관계에 있는 것이 파란색이다. 그 때문에 파란색의 꽃잎을 배경으로 삼은 노란색의 수술은 두드러지게 눈에 띈다. 노란색 꽃을 좋아하는 등에의 눈에는 더욱 그렇게 보일 것이다.

여름날 아침에 꽃을 피우는 데에도 의미가 있다. 봄에는 등에를 부르는 꽃들이 많다. 즉, 닭의장풀의 입장에서 보면 경쟁 상대가 많다. 그에 비해 여름이 되면 꽃이 줄어든다. 여름이 되면 너무 더워서 벌이나 등에 같은 곤충 활동이 둔해지기 때문에 봄과 비교하면 여름에 꽃을 피우는 장점이 적다. 그러나 벌이나 등에가 전혀 활동하지 않는 것은 아니다. 그들이 활동하는 시간은 시원한 아침이다. 그 때문에 닭의장풀은 여름날 아침에 꽃을 피운다.

그렇다고 해도 신기한 일이다. 다른 꽃은 노란색 꽃잎으로 등에를 불러 모은다. 그에 비해 닭의장풀은 파란색 꽃잎을 이용해서 노란색 수술을 두드러져 보이게 한다.

생각해 보자. 꿀을 주고 꽃가루를 운반하게 하는 꽃과 달리 등에에게 꽃가루 운반을 의존하는 식물은 꽃가루를 운반하도록 하기 위해 그 소중한 꽃가루를 먹이로 제공한다. 따라서 꽃가루를 듬뿍 먹는다면 낭비가 너무 크고, 꽃가루를 모두 먹어버리면 씨앗을 남길 수 없다는 위험성이 있다.

왜 위험을 감수하는 것일까

사실 노란색으로 눈에 띄는 수술은 견본이다. 즉, 등에를 불러들이기 위한 미끼다. 맛있어 보이는 노란색 수술을 보고 등에가 날아온다. 하지만 노란색 수술에는 꽃가루가 없다. 등에가 꽃 안쪽에서 꽃가루를 찾다 보면, 등에의 몸에 꽃가루가 달라붙는다. 안쪽에 있는 노란색 수술 앞에는 다른 수술이 있는데, 등에가 꽃 안쪽으로 머리를 돌리면 정확하게 배와 엉덩이에 꽃가루가 붙는 위치에 배치되어 있다.

등에가 노란색 수술이 미끼라는 사실을 깨달았을 때는 이미 늦어서 등에의 몸에는 꽃가루가 그득 달라붙어 있게 된다. 드라마는 이것으로 끝나지 않는다. 미끼임을 깨달은 등에는 마침내 꽃가루가 있는 수술을 찾아낸다. 그리고 꽃가루를 정신없이 먹기 시작한다. 하지만 이 꽃가루가 있는 수술도 사실은 미끼다.

닭의장풀의 꽃에는 꽃가루를 듬뿍 저장한 수술이 두 개가 더 있다. 그리고 그 수술을 꽃 앞쪽으로 내밀고 있다. 꽃에서 튀어나와 있는 수술은 눈에 띄지 않는 색깔이다. 그 수술은 등에가 미끼인 수술에 붙어 있는 꽃가루로 만족하는 동안 등에의 엉덩이에 꽃가루를 듬뿍 묻힌다.

닭의장풀의 암술은 이 수술과 마찬가지로 돌출되어 있기 때문에 등에가 다음 꽃을 찾아가면 엉덩이에 달라붙은 꽃가루가 다음 꽃의 암술에 달라붙는다. 정말 교묘한 수법이다.

확실한 차선책인 제꽃가루받이

드라마는 계속 이어진다. 더운 여름에 활동하는 곤충은 적다. 이렇게 교묘하게 준비하고 있어도 등에가 찾아온다는 보장은 없다. 그렇다면 닭의장풀은 어떻게 할까?

꽃이 피었다가 시들려 할 때 꽃 한가운데에 튀어나와 있던 수술과 암술은 안쪽으로 구부러진다. 이때 튀어나온 두 개의 수술에 있는 꽃가루가 암술에 달라붙는다. 이렇게 해서 자신의 꽃가루로 가루받이를 하는 제꽃가루받이를 한다.

물론 다른 꽃과 교배하는 것이 최고의 방법이다. 하지만 씨앗을 남기지 못하면 아무런 의미가 없고, 등에에게만 의존하기에는 위험성도 크다. 그 때문에 확실하게 씨앗을 남기는 차선책을 준비해 둔 것이다.

닭의장풀

딴꽃가루받이와 제꽃가루받이는 양쪽 모두 장점과 단점
이 있다. 무슨 일이 일어날지 알 수 없는 상황에서 선택지는
많은 쪽이 좋다. 그리고 어느 한쪽을 선택하지 않고 마지막까
지 다양한 선택지를 유지한다. 이것이 잡초의 전략이다.

닭의장풀에게 배운다 ————

다음의 다음의 다음까지 생각해서
선택지는 끝까지 버리지 않고 유지한다.

다양성으로
살아남는다

둑새풀(볏과)

자신의 꽃가루가 자신의 암술에 부착되는 제꽃가루받이를 하면 유전적으로 약한 자손이 태어나는 '자식약세自殖弱勢' 현상이 발생한다. 그 때문에 식물은 가능하면 제꽃가루받이를 하지 않으려 한다. 그런데도 잡초 중에는 제꽃가루받이를 하는 것이 있다.

사실 제꽃가루받이에는 장점도 많다. 가장 큰 장점은 확실하게 자손을 남길 수 있다는 것이다. 다른 꽃과 꽃가루를 교환하는 딴꽃가루받이가 바람직하기는 하지만 꽃가루를 운반해 주는 곤충이 찾아와 주지 않으면 씨앗을 남길 수 없다. 그러나 자신의 꽃가루를 자신의 암술에 부착하기만 하면 확실하게 씨앗을 남길 수 있다.

비용이 줄어든다는 것도 큰 장점이다. 자신의 꽃가루를 자신의 암술에 부착시키기만 하면 되니까 꽃가루가 적어도 확실하게 가루받이를 할 수 있다. 또는 곤충이 찾아오지 않아도 되니까 꽃을 눈에 띄게 하려고 꽃잎에 투자하거나 꿀을 듬뿍 준비해 두려고 노력하지 않아도 된다. 절약한 만큼 많은 씨앗을 만들 수 있다. 이처럼 제꽃가루받이에는 매력적인 장점도 많다. 그러나 말했다시피 제꽃가루받이에는 자식약세라는 위험성이 있다.

잡초는 진화 과정에서 가혹한 환경에서 살아남았다. 곤충이 찾아오지 않는 환경도 있었고 동료로부터 고립되어 딴꽃가루받이를 할 수 없었을 때도 있었다. 그런 상황에서 잡초는 어쩔 수 없이 금단의 제꽃가루받이를 해왔다. 물론 자식약세 현상도 발생했다. 제꽃가루받이를 하면 경우에 따라서는 치사인자致死因子가 축적되어 죽음에 이르기도 했다. 그래도 잡초는 제꽃가루받이를 하지 않을 수 없었다.

제꽃가루받이를 되풀이하는 과정에서 자식약세를 일으키거나 치사인자가 축적된 것은 자연스럽게 도태되어 사라져갔다. 그리고 살아남은 약간의 개체가 자손을 늘려갔다. 이렇게 해서 제꽃가루받이가 가능한 잡초들이 탄생했다. 특히 곤충이 적고, 동료 잡초도 적은 도시환경에서 사는 잡초는 제꽃가루받이를 발달시킨 경우가 많다. 그러나 이처럼 매력적이어도 대부분의 식물은 제꽃가루받이를 피한다. 제꽃가루받이를 하면 자손의 다양성을 잃게 될 위험성이 있기 때문이다.

다양한 특징을 가진 개체가 집단을 이루고 있어야 어떤 환경 변화가 있더라도 살아남을 수 있다. 야생의 식물에 '다양성'은 매우 중요하다. 그 때문에 대부분의 식물은 위험성이 있어도, 비용이 많이 들어가도 딴꽃가루받이를 통하여 자손을 늘리는 방법을 선택하고 있다.

도태되지 않고 살아남게 해준 양립 전략

제꽃가루받이는 단기적으로는 장점이 크지만 장기적으로는 위험성이 크다. '제꽃가루받이가 가능하다'는 것은 다른 식물에는 없는 잡초의 큰 이점이다. 그러나 제꽃가루받이만으로는 집단을 유지할 수 없다. 그 때문에 대부분의 잡초는 제꽃가루받이도 가능하지만 동시에 딴꽃가루받이도 하는 '양립 전략'을 세우고 있다.

둑새풀이라는 잡초도 제꽃가루받이와 딴꽃가루받이를 적절하게 활용한다. 둑새풀은 모내기를 하기 전 봄날의 논에 자생하는 것과 봄부터 초여름에 걸쳐 밭에 자생하는 것이 있다. 잡초의 입장에서 논과 밭은 모두 '경작이 된다'는 큰 변화가 발생하는 장소다. 그러나 논은 경작하거나 물을 대는 시기가 정해져 있다. 겨울이 지난 이후에 봄이 찾아오듯 그것은 예측할 수 있는 변화다.

한편 밭은 무엇을 재배하는가에 따라 경작하는 시기나 관리 방법이 다양하다. 인간의 예정을 잡초가 알 수 없기 때문에 잡초 입장에서는 예측이 불가능한 환경이 발생하는 장소다. 즉, 잡초 입장에서는 밭이 논보다 대처하기 어렵다.

제꽃가루받이는 확실하게 자손을 남길 수 있고 비용도 들어가지 않는다. 단기적으로 장점이 있다. 딴꽃가루받이는 불확실성도 높고 비용도 들어간다. 그러나 긴 안목으로 보면 다양성을 유지할 수 있다는 장점이 있다.

그렇다면 둑새풀은 예측이 불가능한 변화가 발생하는 밭에서 딴꽃가루받이와 제꽃가루받이 중 어느 쪽을 선택하고

둑새풀

있을까?

사실 논의 둑새풀은 제꽃가루받이를 하는 데에 비해 밭의 둑새풀은 딴꽃가루받이 쪽을 선택하고 있다. 예측이 불가능하다는 것은 무슨 일이 일어날지 알 수 없다는 뜻이다. 밭의 둑새풀은 그 어려움을 이겨내려면 설사 비용이 들어간다고 해도 다양성을 유지하는 것이 매우 중요하다고 판단했다. 그 때문에 비용을 들여 딴꽃가루받이 쪽을 우선하고 있는 것이다.

둑새풀에게 배운다 ─────

긴 안목으로 보고,

다양성을 확보해 둔다.

적재적소를
실천하는 게 필요하다

고마리(마디풀과)

식물은 눈에 보이지 않는 땅속에서도 다양한 생장을 이룬다. 눈에는 보이지 않아도 뿌리를 뻗고, 땅속줄기라고 해서 땅속에서 줄기를 뻗는 것들도 있다. 또는 고구마나 감자처럼 알뿌리를 만들기도 한다. 그리고 놀랍게도 땅속에서 꽃을 피우는 것도 있다. 이미 소개했듯 잡초의 꽃 대부분은 딴꽃가루받이와 제꽃가루받이를 양립시키면서 진화해 왔다. 나아가 딴꽃가루받이와 제꽃가루받이로 꽃을 나누는 방법도 있다.

예를 들어 제비꽃은 벌과 같은 곤충이 왕성하게 활동하는 봄에는 우리가 잘 알고 있는 보라색 꽃을 피운다. 이것은 곤충을 불러 모으기 위한 딴꽃가루받이용 꽃이다. 하지만 여름이 다가와 기온이 올라가면 더위에 약한 곤충들의 활동은 둔해진다. 그래서 꽃이 피지 않고 봉오리인 채로 제꽃가루받이를 하는 '폐쇄화閉鎖花'라는 특이한 꽃을 만든다.

폐쇄화는 곤충을 불러들일 필요가 없기 때문에 녹색이며 거의 눈에 띄지 않는다. 따라서 제비꽃의 폐쇄화를 알아보는 사람은 많지 않다. 제비꽃은 이런 식으로 눈에 띄지 않는 꽃을 만들어 자손을 남긴다.

곤충이 오지 않는다면 땅속에 꽃을 피워라

어차피 곤충이 오지 않는다면 땅속에 꽃을 피우는 것도 나쁘지 않다는 발상으로 진화한 잡초도 있다. 물가에서 자라는 고마리가 좋은 예다. 고마리는 분홍색 꽃이 특징이다. 그러나 우리가 아는, 눈에 잘 띄는 이 꽃은 곤충을 불러들이기 위한 딴꽃가루받이용 꽃이다. 고마리는 거기에 더해 땅속에도 폐쇄화를 만든다. 곤충을 불러들일 게 아니니까 땅속에 있어도 문제는 없다.

땅 위에 제꽃가루받이용 꽃을 피워도 나쁘지 않을 것 같

고마리

은데 왜 굳이 땅속에까지 꽃을 만드는 것일까? 아마 소중한 씨앗을 땅 위의 해충들로부터 지키기 위한 것이 아닐까? 다만 땅속에 만든 씨앗은 다른 씨앗처럼 멀리 퍼뜨릴 수 없다.

당연히 걱정할 필요는 없다. 제꽃가루받이를 통하여 만들어진 씨앗은 부모와 매우 비슷한 성질을 가지고 있기 때문에 부모가 자라던 장소에서 그대로 싹을 내는 쪽이 유리하다. 그렇게 생각하면 멀리 이동하는 것보다 땅속에 씨앗을 만드는 쪽이 확실하고 안전해 보인다.

한편 딴꽃가루받이를 통해 만들어진 씨앗은 부모와는 다른 성질을 가지기 때문에 새로운 땅에 도전해도 성공할 가능성이 높다. 그 때문에 땅 위에서 만들어진 씨앗은 물살을 따라 멀리까지 퍼진다. 그야말로 '적재적소'가 고마리의 전략이다.

고마리에게 배운다 ────

적재적소를 실천하면
살아남을 가능성이 높아진다.

어두운 밤에 피는
이유가 있다

달맞이꽃(바늘꽃과)

달맞이꽃은 밤에 꽃을 피우는 잡초다. 달맞이꽃은 약용으로는 '대소초待宵草'라 불리며, '월견초月見草'라는 이름으로도 잘 알려져 있다. 독일어로는 '나흐트케르체Nachtkerze'라고 불리는데, 이것은 '밤의 양초'라는 뜻이다. 이 이름대로 달맞이꽃은 어두운 밤에 더욱 선명하게 드러난다.

밝은 낮도 아니고 캄캄한 밤중에 꽃이 핀다니 신기하다. 밤에 꽃이 피면 어떤 이점이 있을까? 밤은 다양한 생물이 잠을 자는 시간이다. 꽃가루를 운반하는 벌이나 등에 등은 낮 동안에 활동한다. 그 때문에 대부분의 꽃은 낮에 꽃을 피운다. 다만 낮에는 활동하는 곤충이 많지만 피어 있는 꽃들도 많기 때문에 곤충을 둘러싼 경쟁이 심하다. 그래서 달맞이꽃은 가열되는 경쟁을 피하여 경쟁 상대가 적은 밤에 꽃을 피우는 길을 선택한 것이다.

박각시나방을 불러들이는 요염한 색깔과 향기

밤은 활동하는 곤충의 수는 적지만 경쟁 상대가 되는 꽃도 적기 때문에 적은 수의 곤충을 독점할 수 있다. 달맞이꽃은 박각시나방이라는 나방에게 꽃가루 운반을 맡긴다. 물론 어두운 밤에 박각시나방을 불러들이려면 연구가 필요하다.

달맞이꽃의 꽃은 노란 형광색이다. 노란 형광색은 어두운 장소에서도 눈에 잘 띈다. 유아용 우산이나 자전거의 반사 테이프가 노란색을 띠는 것도 어두운 곳에서 잘 보이게 하기 위해서다. 하지만 아무리 눈에 잘 띈다 해도 밤에는 시야가 나쁘다. 그래서 달맞이꽃은 그 아름다운 꽃 색깔뿐 아니라 강한 향기를 발산해서 박각시나방을 불러들인다. 단, 해결해야 할 과제는 있다.

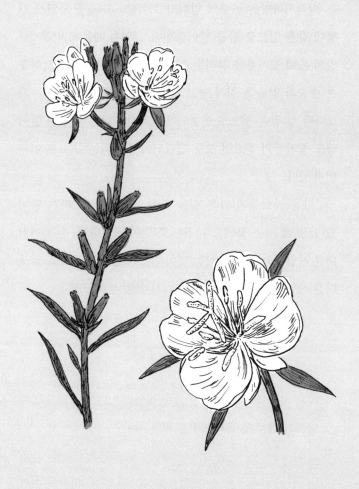

달맞이꽃

박각시나방은 공중에 멈춰서 호버링hovering을 하면서 긴 빨대 같은 입으로 꿀을 빨아들인다. 그렇기 때문에 박각시나방의 몸에 꽃가루를 묻히는 것은 쉬운 일이 아니다. 달맞이꽃은 수술과 암술을 길게 뻗고 있다. 더구나 꽃가루는 모두 가느다란 실 같은 것으로 연결되어 박각시나방의 몸에 한 알이라도 꽃가루가 묻으면 모두 연결되어 운반되는 구조로 이루어져 있다.

"다른 사람들과 다른 길을 가야 이익이 있다."라는 말이 있다. 밤에 피는 꽃에도 나름대로 의미가 있다. 무슨 일이건 다른 사람들과 똑같이 하는 것이 반드시 좋다는 보장은 없다. 다른 사람들과 다른 길을 가야 가치 있는 경우도 있다.

달맞이꽃에게 배운다 ————

다른 사람들과 다른 길을 가야 이익이 있다.

남들과 다른 곳에서 가치를 발견한다.

당연하다고 생각하는 것에도
이유는 있다

당연하게 여기는 것에도 분명한 이유가 있다. 우리에게는 당연한 세상도 어린아이의 눈에는 신비함으로 넘친다. 그런 신비함에 다가가 보는 것도 즐거운 일이다.

"사람은 왜 살아요?"

"우주는 어디까지 이어져 있어요?"

어린아이의 천진한 질문은 세상의 진리를 묻는다. 그리고 그것은 현대 과학으로도 설명할 수 없는 수수께끼이기도 하다. 우리 어른들은 그 수수께끼를 생각하지 않고 살고 있을 뿐이다. 아이들의 질문에 전문가가 답을 하는 라디오 전화 상담을 듣고 있을 때의 일이다. 남자아이가 이런 질문을 했다.

"왜 남자와 여자가 있어요?"

여러분이라면 어떻게 대답할까?

왜 남자와 여자가 있을까

무엇이든 이해하기 쉽게 대답해 주는 전문가 선생님들도 이 질문에는 곤란함을 느낀 모양이다. "X염색체와 Y염색체가 무엇인지 아니?"라며 열심히 설명하지만 어린아이가 그런 것을 알 리가 없다.

애당초 '왜'라는 경우, 두 가지 의문이 있다. 하나는 '어떻게HOW'다. 남성과 여성이 어떤 식으로 형성되는가는 X염색체와 Y염색체로 설명할 수 있다. 또 하나는 '왜WHY'다. '왜 인간은 남자와 여자가 있을까', '남자와 여자로 나뉜 데에는 어떤 의미가 있을까' 하는 것이다.

남자아이의 질문은 물론 후자다. 그러나 왜 세상에는 남자와 여자가 있고, 생물에는 수컷과 암컷이 있는지 그 이유는 사실 정확하게 알 수 없다.

이런저런 대화가 이어진 끝에 라디오 프로그램 진행자는

남자아이에게 이렇게 말을 걸었다.

"너는 남자들만 모여서 노는 것과 남자와 여자가 함께 모여서 노는 것 중에 어느 쪽이 더 즐겁니?"

"남자와 여자가 함께 모여서 노는 거요."

"그렇지? 아마 그래서 남자와 여자가 있는 것 같아."

진행자의 설명에 남자아이는 "네." 하고 힘차게 대답하고는 전화를 끊었다.

진행자의 대답은 정곡을 찌른다. 남자만 모여서 노는 것보다 남자와 여자가 함께 모여서 노는 쪽이 훨씬 즐겁다. 그리고 세상은 보다 풍요로워지고 다양해진다.

생물의 진화를 보면 생물은 원래 단순하게 분열을 반복할 뿐인 단세포생물이었다. 거기에 다양성은 존재하지 않는다. 다양성을 낳으려면 유전자를 교환해야 한다.

물론 무작위로 유전자를 교환할 수도 있지만 그래서는 힘들여 유전자를 교환해도 비슷한 타입과 교환할 위험성이 있다. 그래서 명백하게 다른 두 가지 타입으로 구분한 것이 수컷과 암컷이다. 그 때문에 대부분의 생물에게는 수컷과 암컷이 있고, 우리 인간에게는 남자와 여자가 있다.

그러나 신기하다. 인간은 남성이라는 개체와 여성이라는 개체가 나누어져 있지만 식물은 하나의 꽃 안에 수술과 암술 양쪽을 모두 가지고 있는 경우가 많다.

사실 동물 중에도 한 몸에 수컷과 암컷을 모두 가진 존재가 있다. 예를 들어 달팽이나 지렁이가 그렇다. 달팽이나 지렁이는 한 몸에 암컷의 생식기와 수컷의 생식기가 모두 있다. 즉, 자웅동체다.

달팽이나 지렁이는 왜 수컷과 암컷을 모두 가진 것일까? 달팽이는 천천히 움직이기 때문에 이동 범위가 좁다. 그 때문에 수컷과 암컷이 만날 기회가 적다. 그래서 다른 개체와 만났을 때는 개체의 성별에 관계없이 교미해서 자손을 남길 수 있게 되었다. 흙 속에 사는 지렁이도 이동 범위가 한정되어 있기 때문에 달팽이와 마찬가지로 성별에 관계없이 만난 개체와 즉시 교미를 할 수 있게 되었다.

암수가 동시에 목적을 이루기 위한 식물의 전략

그렇다면 식물은 어떨까? 식물은 전혀 움직일 수 없다. 이동 거리가 적은 달팽이나 지렁이보다도 불리한 형편이다. 따라서 멀리 떨어진 식물과 식물이 직접 만날 수도 없다.

식물과 식물의 만남을 유도해 주는 것은 꽃가루를 매개체로 삼는 곤충이다. 수꽃과 암꽃으로 나뉘어 있다면, 수꽃에서 꽃가루를 운반해 온 곤충이 다른 수꽃으로 날아가는 경우 가루받이가 이루어질 수 없다. 또 암꽃에서 암꽃으로 가는 경우에도 가루받이는 이루어지지 않는다.

이때 하나의 꽃 안에 수술과 암술이 있으면, 일단 곤충이 꽃을 방문하는 것만으로 꽃가루를 가져가기를 바라는 수술의 목적과 다른 꽃에서 꽃가루를 가져와 주기를 바라는 암술의 목적이 동시에 이루어진다. 그 때문에 식물은 하나의 꽃 안에 수컷과 암컷을 모두 갖추게 되었다. 그것이 수술과 암술이다.

신기하게도 식물 중에도 동물과 마찬가지로 암컷 개체와 수컷 개체가 나뉘는 것이 있다. 예를 들어 감제풀이라는 잡초에는 수꽃만을 피우는 수컷 포기와 암꽃만을 피우는 암컷 포기가 있다.

식물 대부분은 하나의 꽃 안에 수술과 암술을 동시에 가지고 있다. 애당초 같은 꽃 안에 수술과 암술이 있다면 다른 꽃과 꽃가루를 교환하지 않아도 자신의 꽃가루를 자신의 암술에 묻혀 가루받이를 하면 된다.

물론 현실적으로는 그렇지 않다. 생물에게 수컷과 암컷이 있는 이유는 다양성을 낳기 위해서다. 자신의 꽃가루를 자신의 암술에 묻혀 혼자만의 힘으로 씨앗을 만들면 자신과 똑같은 성질의 자손밖에 만들 수 없다. 그뿐 아니라 만약 어떤 질병에 취약하다는 약점이 있을 경우, 자신의 모든 자손에게 그 약점을 물려주게 된다. 그리고 그 질병이 만연하면 자신의 자손들은 전멸하게 된다.

유전적으로 약한 자손을 만들지 않기 위한 노력

자신의 꽃가루를 자신의 암술에 묻혀 자손을 남기면 유전적으로 약한 자손이 나올 가능성이 높아진다. 이것이 '자식약세'다. 인간 사회에서 근친상간이 금지되는 것도 같은 이유다. 따라서 하나의 꽃 안에 수술과 암술을 가진 식물은 자신의 꽃가루로 수정할 위험성을 피해야 한다. 그 때문에 식물은 자신의 꽃가루로는 수정하지 않는 구조를 가지고 있다.

예를 들어 식물의 꽃은 수술보다 암술이 긴 것이 많다. 수술이 길면 수술로부터 암술로 꽃가루가 떨어져 버린다. 그 때문에 암술이 길다. 또 수술과 암술이 여무는 시기가 다른 것도 있다. 예를 들어 수술이 먼저 여물면 아직 수정 능력이 없는 암술에 꽃가루가 묻는다 해도 씨앗은 만들어지지 않는다. 반대로 암술 쪽이 먼저 여물면 수술이 꽃가루를 만드는 시기에는 암술은 수정을 이미 끝낸 상태가 된다. 이렇게 시기를 달리하는 방법으로 자신의 꽃가루로 수정되지 않도록 대비한다.

나아가 꽃가루가 암술에 묻는 경우에는 수술 끝부분의 물질이 꽃가루를 공격하여 수정을 방해하는 '자가불화합성自家不和合性'이라고 불리는 구조를 가진 것도 있다.

이처럼 자신의 꽃가루가 묻는 위험성을 피하기 위해서는 다양한 연구가 필요하다. 하지만 이런 연구를 기울여도 그 위험성을 완전히 배제할 수는 없다. 그래서 아예 수포기와 암포기를 구분해 버린 것이 감제풀의 전략이다.

더구나 감제풀은 지면 아래로 땅속줄기를 뻗어 포기를 늘려간다. 그 때문에 기껏 고생해서 이웃해 있는 포기와 꽃가루를 교환했다고 생각했는데 사실은 땅속에서 자기 자신과 연

결되어 있는 경우도 발생한다. 그래서 감제풀은 반드시 자신 이외의 포기와 수정이 이루어지도록 동물과 마찬가지로 수컷 과 암컷이 구분되어 있다.

우리가 당연하다고 생각하는 것들에도 분명한 이유가 있 듯이 이 세상의 모든 것에도 나름대로 확실하고 분명한 이유 가 있다.

3장

목표를 세우고
끊임없이 도전하다

불안전한 환경을 이겨내는 발아 전략

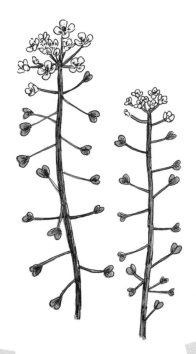

역경을
기회로 이용하다

질경이(질경잇과)

씨앗에 '점액질mucilage'이라는 점착성 물질을 가진 식물이 있다. 이 점액질에는 다양한 역할이 있다. 먼저 수분을 유지하고, 싹을 틔운 식물의 뿌리를 보호하는 역할을 한다. 또 점착 물질을 이용해서 주변의 흙에 달라붙어 바람에 날아가지 않도록 한다. 이런 역할들은 사막처럼 비가 적은 곳에서 유리하다. 또 비가 많은 지역에서는 뿌리 주변을 수분으로 감싸거나 바람에 의해 씨앗이 날아가는 현상을 방지하기도 하지만 장점이 많지는 않다.

점액질을 생산하는 것이 쉬운 일이 아니다 보니 비용 대비 성과를 생각하면 비가 많은 지역에서 점액질을 생산하는 것은 낭비다. 점액질을 생산할 여유가 있다면 씨앗의 수를 늘리는 쪽이 합리적이다. 그 때문에 씨앗의 점액질은 사막 등 건조한 지역의 식물에서는 흔히 볼 수 있지만 비가 많은 지역에 서식하는 식물에서는 보기 힘들다. 하지만 질경이라는 잡초는 예로부터 비가 많은 지역에 자생하는 식물임에도 불구하고 씨앗이 점액질을 가지고 있다.

질경이의 씨앗에는 왜 점액질이 많을까

질경이는 사람에게 밟히기 쉬운 장소에서 흔히 볼 수 있다. 질경이의 씨앗은 비가 내려 물에 젖으면 점액질을 내어 바닥에 달라붙는다. 그리고 사람이 그 위를 지나면 씨앗이 신발 바닥으로 옮겨 달라붙는다.

민들레의 씨앗이 바람에 운반되듯이, 질경이의 씨앗은 사람을 이용해서 이동한다. 신발에 달라붙은 씨앗이 이동하다 떨어지는 장소 역시 사람에게 밟히기 쉬운 장소다. 이런 식으로 질경이는 사람들이 지나다니는 길을 따라 분포한다.

자동차 타이어에 달라붙어 이동하는 경우도 있다. 비포장도로에서는 바퀴 자국을 따라 질경이가 줄지어 자라 있는 모습을 흔히 볼 수 있다. 질경이는 학명이 '플란타고Plantago'인데, 라틴어로 '발바닥에 의해 운반된다'는 의미다.

또 약용으로 쓰일 때는 '차전초車前草'라고 불리는데, 이것도 길가를 따라 줄지어 자라 있다는 데에서 유래된 이름이다. 질경이는 전 세계의 모든 길에 퍼져 있다.

그렇다면 질경이의 입장에서 '밟힌다'는 것은 어떤 의미일지 한번 생각해 보자.

밟히는 것조차 유리하게 활용

질경이의 입장에서 밟힌다는 것은 견뎌야 할 일도, 극복해야 할 일도 아니다.

아마 길에 자라난 질경이들은 모두 밟히기를 바라고 있을 것이다. 잡초의 기본 전략은 자신에게 다가오는 곤란과 역경을 이용하여 구체적으로 도움이 되도록 바꾸는 것이다. 잡초의 입장에서 역경은 기회다.

사실 '밟히는 장소'라는 것 자체가 식물이 생장하는 데에

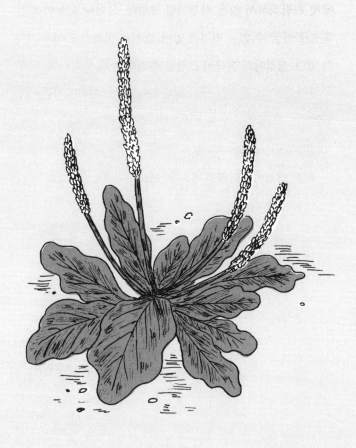

질경이

적합한 장소가 아닌 것처럼 보일 수 있다. 밟힌다는 것은 식물에게 바람직하지 않은 사건처럼 보인다. 그러나 도움이 되는 쪽으로 바꿀 수 없는 역경은 없다. 밟히는 것조차도 이용 가치가 있다. 질경이의 전략이 그것을 증명해 준다.

질경이에게 배운다 ————

어떤 역경이라도 도움이 되는 쪽으로
바꿀 수 있다.

낯선 땅에서는
조력자를 이용한다

제비꽃(제비꽃과)

길을 가다가 돌담에 피어 있는 제비꽃을 본 적이 있을 것이다. 제비꽃 씨앗은 어디에서 날아와 돌담에 뿌리를 내린 걸까?

돌담 사이에 꽃을 피우는 식물은 바람에 의해 씨앗이 운반되는 것들이 많다. 민들레처럼 바람에 의해 씨앗이 날아가는 것이라면, 돌담의 돌 틈에 씨앗이 떨어져 싹이 나도 이상할 것이 없다. 그러나 제비꽃 씨앗은 민들레 씨앗처럼 바람에 날아가지 않는다. 그렇다면 신기한 일이 아닌가?

제비꽃 씨앗은 어떻게 돌담의 돌 틈에 정착했을까? 빗물과 함께 위쪽에서 흘러 내려온 것은 아닐까? 충분히 생각해 볼 수 있다.

아니면 돌담 위에 씨앗을 떨어뜨릴 제비꽃 군락이 있는 것일까? 그렇지는 않다. 아무래도 제비꽃 씨앗은 아래에서 위쪽으로 올라온 듯하다. 제비꽃 씨앗은 어떻게 이동한 것일까?

씨앗 운반을 담당하는 개미만을 위한 보상

사실 제비꽃은 개미에게 씨앗을 운반하게 만든다. 제비꽃 씨앗에는 '엘라이오솜elaiosome'이라는 영양이 풍부한 물질이 달라붙어 있다. 그리고 개미는 엘라이오솜을 먹이로 삼기 위해 씨앗을 자신의 굴로 가져간다.

그러나 개미굴은 땅속에 있다. 제비꽃 씨앗은 땅속 깊은 곳으로 운반되어서는 싹을 틔울 수 없다. 하지만 걱정할 필요는 없다. 개미가 엘라이오솜을 다 먹으면 씨앗이 남는다. 개미 입장에서 이 씨앗은 먹을 수 없는 쓰레기이기 때문에 씨앗을 개미굴 밖으로 내다 버린다. 이런 개미의 행동에 의해 제비꽃 씨앗은 멋지게 지상에 분포한다.

그뿐이 아니다. 개미굴은 반드시 흙이 있는 장소에 있기

제비꽃

때문에 돌담의 틈새 등 약간이라도 흙이 있는 장소에 제비꽃 씨앗이 버려진다. 그래서 제비꽃은 돌담의 틈새에서 싹을 틔울 수 있다.

들꽃의 이미지가 있는 제비꽃이지만 뜻밖에도 도시에서 보게 되는 경우도 많다. 길가, 아스팔트나 콘크리트의 틈새에서 제비꽃이 자란다. 이것 역시 도시에 사는 개미를 교묘하게 이용한 결과다.

제비꽃에게 배운다 —————

낯선 도시에서 살아남기 위해
현명하게 다른 사람을 의지해 본다.

잠시 쉬는 것도
전략이다

냉이(십자화과)

잡초는 재배하기가 어렵다. 가만히 내버려두면 제멋대로 자라는 잡초를 재배하기 어렵다니 이해하기 어려울 수 있다. 그러나 사실이다. 잡초는 사람이 생각하는 대로 움직여 주지 않는다.

우선 씨앗을 뿌려도 쉽게 싹이 나지 않는다. 채소나 꽃의 씨앗이라면 땅에 뿌리고 물을 주면 며칠 안에 싹이 나온다. 그것이 재배하는 사람과 재배당하는 식물의 약속이기 때문이다.

하지만 잡초는 땅에 씨앗을 뿌리고 물을 주어도 쉽게 싹이 나오지 않는다. 잡초는 싹을 틔우는 타이밍을 스스로 결정한다. 쉽게 나오지 않는 싹을 기다리는 동안에 파종도 하지 않은 다른 잡초의 싹이 나와버리니까 더 어렵다.

잡초가 쉽게 싹을 틔우지 않는 이유는 '휴면休眠'이라는 성질 때문이다. 휴면은 문자 그대로 '쉬면서 잠드는' 것이다. 휴면이라고 하면 인간 사회에서는 휴면 회사나 휴면 계좌 등 일하지 않는다는 좋지 않은 이미지가 있을지 모른다. 그러나 잡초에게 휴면은 매우 중요한 전략이다.

잡초에게 발아 타이밍은 중요한 생존 전략

휴면은 쉽게 싹을 틔우지 않는다는 전략이다. 잡초에게 언제 싹을 틔울 것인가 하는 발아 타이밍은 이후의 생장을 크게 좌우한다.

예를 들어 잡초의 씨앗이 완전히 성숙하여 땅에 떨어졌다 해도 그 시기가 발아에 적합하다고 단정 지을 수는 없다. 가을에 떨어진 씨앗이 즉시 싹을 틔워버리면 뒤이어 찾아오는 혹독한 겨울의 추위 때문에 죽어버린다. 또 주변의 식물이 울창한 상황이라면 싹을 틔워도 햇빛을 받지 못해 죽는다.

그뿐만이 아니다. 잡초가 자라는 장소는 환경의 변화를

예측하기 어렵다. 단순히 적절한 계절이 찾아왔다고 규칙적으로 싹을 틔우면 끝나는 게 아니다. 봄이 왔다고 해서 싹을 틔울 기회라고 단정 지을 수 없고, 언제 극적인 사고가 있을지도 알 수 없다. 그 때문에 전멸할 위험성을 피하기 위해 일제히 싹을 틔우지 않는 연구도 해야 한다. 그래서 각각의 씨앗이 휴면하면서 기회를 엿보는 구조를 갖추게 된 것이다.

더구나 변덕스러운 인간의 행동 때문에 언제 기회가 찾아올지 알 수 없고 언제 위험이 찾아올지도 알 수 없다. 그 때문에 잡초는 복잡한 휴면 구조를 갖추고 싹을 틔울 타이밍을 선택하거나 회피한다. 땅속에는 수많은 잡초의 씨앗이 휴면하고 있다. 지상으로 모습을 나타내는 잡초는 빙산의 일각에 지나지 않는다.

영국에서 밀밭을 조사해 보니 불과 $1m^2$의 땅속에 7만 5000개나 되는 잡초 씨앗이 있었다고 한다. 이렇게 막대한 씨앗이 땅속에 존재하면서 싹을 틔울 기회를 엿본다. 이처럼 땅속에서 기회를 기다리는 씨앗을 '매토종자埋土種子'라 하며, 매토종자의 집단은 '시드 뱅크seed bank'라고 부른다. 즉, '씨앗 은행'이다. 땅속에는 이렇게 잡초의 막대한 재산이 비축되어 있기 때문에 아무리 열심히 뽑아도 계속해서 싹이 나오는 것이다.

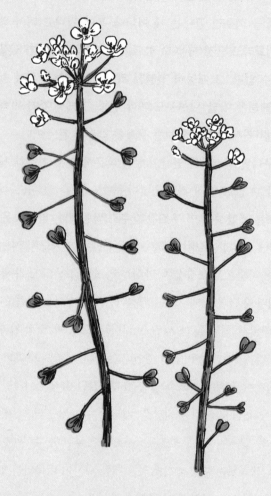

냉이

전멸을 피하기 위한 제각각 작전

냉이도 끝없이 싹을 틔우는 잡초로 잘 알려져 있다. 일제히 싹을 틔우면 제거당하거나 제초제에 의해 전멸당해 버린다. 그 때문에 싹을 틔우는 시기를 서로 다르게 하여 위험을 분산시킨다. 제각각 따로 싹을 틔우는 것이다.

이처럼 잡초의 씨앗은 가능하면 '함께 행동하지 않는다'는 원칙을 중요하게 여긴다. 한편 사람은 함께 행동하기를 바란다. 채소나 관상용 꽃의 씨앗은 뿌리면 일제히 싹이 나온다. '얼마나 같은 시기에 싹을 틔우는가' 하는 것이 중요하다. 같은 시기에 싹을 틔우지 않으면 생장도 제각각이 되고 수확하는 시기나 수확물도 제각각이 되어버린다. 그래서는 곤란하다.

'제각각 행동한다'는 성질은 인간 세계에서 '개성'이라고 불리는 것과 비슷할 수 있다. 다시 말하면 잡초의 세계에서도 개성의 가치를 매우 중요하게 여긴다고 말할 수 있다.

냉이에게 배운다 ————
함께하지 않는 방법으로
위험을 분산시킨다.

기회가 오면 신속하게
일제히 싹을 틔운다

괭이밥(괭이밥과)

잡초는 아무 곳에나 자라는 것이 아니다. 각각 자신 있는 장소에서 자란다. 풀이 자주 베이는 장소에는 자주 베여도 자신 있는 잡초가 자란다. 잘 밟히는 장소에는 밟히는 데 자신 있는 잡초가 자란다.

잡초가 세우는 전략의 기본은 역경을 기회로 이용하는 데 있다. 풀베기를 당하는 장소의 잡초는 '생장점(세포의 분열과 증식이 활발하게 이루어지는 부분)'이 낮고 풀베기를 당해도 충격이 적은 형태를 띠는 것들이 많다. 그리고 풀베기에 의해 라이벌이 사라지거나 나아가 낮은 위치의 생장점이 햇빛을 잘 받게 되는 등 오히려 더 나은 환경이 된다.

또는 잘 밟히는 장소에서 자라는 잡초는 줄기를 옆으로 뻗거나 잎을 땅바닥에 붙여 펼치는 식으로 밟혀도 충격이 적은 형태를 갖춘 것들이 많다. 그리고 신발 바닥에 씨앗이 달라붙는 방식 등을 이용하여 밟히는 것으로 번영을 누리는 구조를 가졌다.

그렇다면 김매기를 당하는 것은 어떨까? 흔히 김매기를 당하는 장소에서는 김매기에 자신 있는 잡초들이 자란다. 그러나 베이거나 밟히는 것과 달리 김매기를 당한다는 것은 식물 전체가 뽑혀버리는 것이다. 그런데도 번영을 누릴 수 있을까?

김매기는 어떻게 이용할까

괭이밥은 김매기를 자주 하는 정원 등에 자라는 잡초다. 괭이밥은 작은 오크라 같은 형태의 열매를 맺는데, 그 열매 안에 많은 씨앗을 보유하고 있다. 씨앗 하나하나는 하얀 주머니에 싸여 있다. 사람이 이 잡초를 뽑으려고 접촉하면 그 자극으로 이 하얀 주머니가 뒤집히면서 씨앗들을 날려 보내는데, 탁탁 소리를 내면서 씨앗이 주변으로 흩어져 날아간다.

씨앗과 함께 날아간 하얀 주머니는 점착성이 있어서 김매기를 하는 사람의 옷에 달라붙는다. 그리고 김매기를 하는 사람이 이동하는 동안 그 사람에게 달라붙어 있던 씨앗은 옷에서 떨어진다. 이렇게 씨앗이 정원에 흩뿌려진다. 물론 괭이밥이 열매를 맺기 전에 김매기를 하면 괭이밥을 제거할 수 있다. 그러나 정원에 자란 괭이밥 대부분은 이미 열매를 맺고 있다.

김매기를 자주 하는 환경에서 가장 필요한 요소가 속도다. 이런 환경에서 자라는 잡초는 싹을 틔운 뒤에 꽃을 피우고 열매를 맺을 때까지의 기간이 짧다.

괭이밥의 입장에서 보면 김매기를 하기 전에 어떻게든 열매를 맺어야 한다. 더구나 변덕스러운 인간은 언제 김매기를 할지 알 수 없기 때문에 일단 하루라도 빨리 열매를 맺어야 한다. 우선 한 개라도 좋으니까 꽃을 피우고 열매를 맺는다. 그리고 여유가 있으면 또 한 개의 꽃을 피운다. 이렇게 해서 괭이밥은 줄기를 뻗으면서 꽃을 피우고, 잇달아 열매를 만들어가는 방법으로 생장한다. 그 때문에 아직 충분히 자라지 않은 괭이밥도 어느 정도의 열매는 갖춘 경우가 많다.

뽑아도 뽑아도 자라는 이유

한편 열매를 맺기 전에 김매기를 당하는 경우도 있다. 그래도 걱정할 필요는 없다. 김매기를 자주 하는 환경에 사는 잡초는 이미 선대가 잇달아 씨앗을 만들어 여기저기 뿌려놓았다. 그 씨앗들은 김매기를 하면 흙과 섞인다. 이런 식으로 땅속에는 수많은 잡초의 씨앗들이 저장되어 다음 기회를 엿본다.

그 상태에서 사람들이 김매기를 하면 어떻게 될까? 흙이 뒤집어지면서 땅속에 빛이 들어온다. 풀이 무성하게 자라 있으면 땅속에 빛이 들어오지 않는다. 땅속으로까지 빛이 들어온다는 것은 경쟁 상대가 되는 주변의 풀들이 모두 제거되었다는 뜻이다. 이것은 작은 풀이 싹을 틔우기에 더할 나위 없는 천재일우의 기회다.

기회를 기다리고 있던 잡초의 씨앗은 빛이 닿는 것을 신호로 일제히 싹을 틔운다. 땅속에 있던 씨앗의 입장에서 보면 사람이 싹을 틔우는 발아를 도와준 것이다. 그렇기 때문에 분명히 김매기를 했지만 며칠 지나지 않아 잡초들은 다시 일제히 되살아난다. 물론 빛이 닿지 않은 잡초의 씨앗들은 그대로 다음 기회를 기다리고 있으니까 시드 뱅크(113쪽 참조)가 사라

Before

After

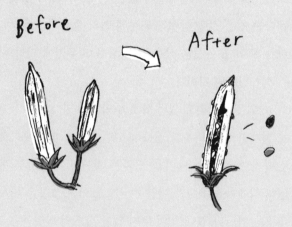

괭이밥

지는 경우는 없다. 그래서 뽑아도 뽑아도 잡초는 계속 자란다. 잡초의 입장에서는 김매기를 당하는 것조차도 기회다.

괭이밥에게 배운다 ————

다음 씨앗을 대량으로

비축하고 기다린다.

가장 중요한 것은
싹을 틔우는 시기다

도꼬마리(국화과)

"좋은 일은 서둘러라."라는 말이 있다. 좋은 일은 망설이지 말고 즉시 실행하는 쪽이 좋다는 뜻이다. 현대사회는 속도 사회다. 기회는 자주 찾아오지 않기 때문에 망설이다 보면 모두 놓쳐버린다. 기회를 놓치지 않고 빠르게 실행에 옮겨야 성공으로 이어질 수 있다.

한편 정반대의 의미로 "서두르면 일을 망친다."라는 말도 있다. 이것은 "무엇이건 서둘러 실행하면 실패하는 경우가 많다."는 뜻이다. 변화의 속도가 빠른 현대사회는 무슨 일이 일어날지 알 수 없다. 실행할 때의 위험도 크다. 속도가 빠른 시대이기 때문에 더욱 신중하게 생각해야 한다. 그렇다면 "좋은 일은 서둘러라."를 따라야 할까, "서두르면 일을 망친다."를 따라야 할까? 정말 어려운 판단을 해야 하는 시대다.

속도냐, 신중함이냐

잡초가 성공하려면 타이밍이 중요하다. 가장 중요한 것은 싹을 틔우는 시기다. 즉, 씨앗에서 작은 싹을 틔울 때까지가 가장 위험성이 높다.

만약 당신이 잡초라면 다른 식물에 앞서 빨리 싹을 틔우는 쪽을 선택할까? 아니면 다른 식물의 상태를 살펴보면서 서서히 싹을 틔우는 쪽을 선택할까?

속도를 중시할 것인가, 아니면 신중함을 중시할 것인가?

사실 이것은 우문이다. 잡초가 자라는 곳은 미래를 예측할 수 없는 변화무쌍한 장소. 무슨 일이 일어날지 알 수 없는 조건에서 어느 쪽이 옳은지 판단하는 것은 그 자체가 어리석을 수 있다. 그렇다면 어느 한쪽을 선택하지 않는 것이 정답이다. 즉, 양쪽 모두 가능해야 한다.

열매 속에 숨어 있는 성격이 다른 두 가지 씨앗

우리가 이해하기 쉬운 예를 보여주는 것이 도꼬마리다. 도꼬마리는 삐쭉삐쭉한 가시가 있는 열매가 특징이다. 이 가시를 이용해서 인간의 옷이나 동물의 털에 달라붙어 씨앗이 먼 곳까지 퍼져 나간다. 도꼬마리 열매의 가시 끝은 갈고리 모양으로 구부러져 있어서 옷의 섬유에 잘 달라붙는다. 직접적인 힌트가 된 것은 다른 식물이지만 도꼬마리 같은 식물의 가시 구조는 매직테이프를 발명하는 데 도움이 되었다.

이 도꼬마리의 열매를 깨 보면 안에는 길이가 다른 두 개의 씨앗이 들어 있다. 두 개의 씨앗은 성격이 크게 다르다. 약간 긴 씨앗은 일찍 싹을 틔운다. 식물의 세계에서는 빛을 차지하기 위한 싸움이 치열하다. 약간이라도 일찍 싹을 틔우면 그만큼 빨리 뻗을 수 있지만, 늦을 경우 다른 식물의 잎 그늘에 가려진 채 살아가야 한다. 그러나 잡초의 세계에서는 무슨 일이 일어날지 알 수 없다. 잡초가 일제히 싹을 틔웠는데, 밭갈이 같은 경작이 일어날 수 있고 김매기를 당하게 될 수도 있다. 그야말로 "서두르면 일을 망친다."에 해당한다.

그때 짧은 쪽 씨앗이 뒤늦게 싹을 틔운다. 성격이 급하고

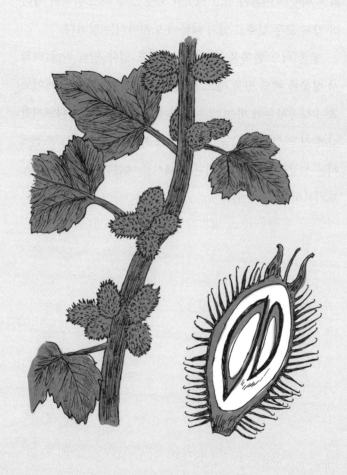

도꼬마리

빠른 씨앗과 여유가 있고 느긋한 씨앗. 그중 어느 한쪽이 아니라 양쪽 모두 갖추고 있기 때문에 도꼬마리는 강하다.

물론 어느 한쪽을 포기하는 경우도 없다. 일찍 싹을 틔워서 성공한 예도 있을 테고, 늦게 틔워 성공한 예도 있다. 어느 쪽이 성공하는가 하는 것은 조건에 따라, 운에 따라 다르지만 양쪽 모두 충분히 성공할 가능성을 가지고 있다. 어느 조건에서든 성공할 수 있는 올바른 선택지를 마련하고, 어느 한쪽도 포기하지 않는 것이다.

도꼬마리에게 배운다 ————
어느 쪽인지 알 수 없을 때는
양쪽 모두 갖추어 둔다.

솜털이 달린 씨앗의
작은 도전

잡초의 씨앗은 얼마나 멀리까지 이동할 수 있을까? 예를 들어 고층 아파트의 베란다에서도 화분에 흙을 넣어두면 잡초의 씨앗이 날아와 싹이 튼다. 민들레의 솜털 같은 씨앗이 상승기류를 타고 높은 장소까지 날아와 싹이 트는 것이다.

상공 1,000미터 정도의 높이라면, 식물의 씨앗이 날아다니는 모습을 관찰할 수 있다고 한다. 그중에는 상당히 멀리까지 날아가는 것도 있다. 식물은 다양한 연구를 통하여 씨앗을 멀리까지 날려 보낸다. 그러나 정말 신기하다. 애초에 식물은 왜 씨앗을 이리저리 흩뿌려야 할까?

식물이 씨앗을 흩뿌리는 이유는 분포 지역을 넓히기 위해서다. 그렇다면 분포 지역을 넓히려는 이유는 무엇일까?

많은 씨앗을 생산하려면 비용이 많이 들어가고 멀리까지 씨앗을 날려 보낸다고 해서 성공한다는 보장도 없다. 부모가 되는 식물이 씨앗을 떠나보낼 때까지 생육했다는 것은 적어도 그 환경도 그렇게 나쁘지는 않았다는 뜻이다. 굳이 다른 장소로 씨앗을 이동시키지 않아도 자손과 함께 그 장소에서 행복하게 사는 쪽이 더 낫지 않을까? 식물은 그렇게 침략적인 야망으로 가득 찬 종족일까?

식물도 분가하는 것이 중요하다

식물은 거대한 야망이나 모험심에 가득 차서 씨앗을 멀리까지 떠나보내는 것이 아니다. 식물이 씨앗을 흩뿌리는 이유 중 하나는 부모 식물로부터 분가시키기 위해서다.

만약 씨앗이 부모 식물이 남아 있는 장소에서 싹이 트는 경우, 씨앗 입장에서 가장 위협적인 존재는 부모 식물이 된다. 부모 식물이 잎을 무성하게 펼치면 그곳은 그늘이 되어 힘들게 싹이 튼 씨앗은 충분히 성장할 수 없고 물이나 양분도 부모 식물에 빼앗겨 버린다. 그래서 식물은 소중한 자녀들을 부모 식물로부터 멀리 떨어진 낯선 장소로 떠나보내는 것이다. 그야말로 식물도 분가가 중요하다.

물론 이유가 그것만은 아니다. 한해살이풀(1년 안에 발아, 생장, 개화, 결실의 생육 단계를 거쳐서 일생을 마치는 풀)이라면 부모 식물은 말라버린다. 그래도 식물은 씨앗을 멀리까지 뿌린다. 환경은 항상 변한다. 식물의 입장에서 안전한 땅은 없다. 그 때문에 항상 새로운 장소를 찾는다. 아마 분포 지역을 넓히는 일을 게을리한 식물은 멸종하고, 분포 지역을 넓힌 식물들만 살아남았을 것이다. 그것이 현재의 모든 식물들이 씨앗을 멀리까지 날려 보내는 이유다. 즉, 항상 지속적으로 도전하지 않으면 현상 유지도 할 수 없다.

그렇다면 식물이 씨앗을 만들 때 큰 씨앗과 작은 씨앗 중 어느 쪽이 유리할까?

작은 씨앗은 가벼우니까 그만큼 멀리 날아갈 수 있을지 모른다. 그러나 작은 씨앗은 비축하고 있는 영양분도 적기 때문에 생존할 수 있는 가능성이 낮다. 한편 큰 씨앗은 많은 영양분을 비축하고 있기 때문에 그만큼 큰 싹을 틔울 수 있다.

큰 싹을 틔우는 쪽이 생존율도 높고, 그 후의 생장도 빠르니까 경쟁력도 높다. 다만 식물이 씨앗을 생산하기 위해 사용할 수 있는 자원은 한정되어 있다. 그 때문에 큰 씨앗을 만들려면 그만큼 생산할 수 있는 씨앗의 수는 줄어든다. 반면에 많은 씨앗을 만들려면 그만큼 씨앗의 크기는 작아진다.

작은 씨앗을 많이 만들 것인가, 아니면 큰 씨앗을 적게 만들 것인가? 식물은 어느 한쪽을 선택하면 다른 한쪽을 포기해야 하는 트레이드오프trade-off의 과제 중에서 각 씨앗의 크기와 씨앗의 생산 수에 대한 전략을 짠다.

큰 씨앗과 작은 씨앗, 양쪽 모두 각각 장점과 단점이 있다. 그 때문에 어느 쪽이 유리하다고 단정 지을 수는 없다. 그렇다면 예측하기 힘든 변화가 자주 발생하는 환경에서는 어떨까?

불안정하다면 작아도 많은 씨앗에 투자한다

애당초 불안정한 환경에서 자라는 잡초의 기본 전략은 작아도 많은 씨앗이다. 무엇보다 미래를 예측할 수 없는, 변화가 자주 발생하는 장소다. 무슨 일이 일어날지 알 수 없는, 어떻게 변할지 알 수 없는 상황에서는 어디에 투자해야 좋을지 알 수 없다. 그렇다면 적어도 다양한 장소에 투자하는 게 좋다. 그것이 '작아도 많은 씨앗'이 필요한 이유다.

잡초 중에서도 비교적 안정된 환경에서 자라는 것들은 비교적 큰 씨앗을 만든다. 반면 더 불안정한 환경에서 자라는 것들은 잡초 중에서도 작은 씨앗을 만든다.

물론 많이 만들어진 작은 씨앗들 대부분은 생존하지 못한다. 싹을 틔우지도 못한다. 헤아릴 수 없을 정도로 다양한 실패를 한다. 1만 개의 씨앗을 흩뿌리는 잡초는 1만 개의 씨앗을 흩뿌리지 못하면 번식이 어렵다는 의미이기도 하다.

그러나 1만 개 중에서 한 개라도 생명을 유지할 수 있다면 그 잡초의 입장에서는 성공이다. 그래서 실패를 해도 투자 위험성이 적은 작은 씨앗을 많이 뿌려야 하는 것인지도 모른다. 기회를 늘려 작은 도전을 되풀이하는 것이 예측이 불가능한 변화가 자주 발생하는 장소에서 살아가는 잡초의 전략이다.

소시지를 닮은 이삭에 35만 개나 되는 씨앗

부들이라는 잡초는 키가 크고 물가에서 군생群生하는 경쟁력이 높은 강한 잡초다. 또 지하 줄기로 퍼져 가는 여러해살이풀이기 때문에 씨앗을 만들지 않아도 계속 영역을 확장해 나갈 수 있다.

이 부들은 씨앗을 어떤 식으로 만들까? 부들의 이삭은 소시지와 비슷한 생김새로 잘 알려져 있다. 놀랍게도 한 개의 이삭 안에는 약 35만 개나 되는 씨앗이 들어 있다. 35만 개라고 하면, 지방 도시의 인구에 필적하는 수다. 그렇게 많은 씨앗이 이삭 안에 가득 차 있다. 높은 경쟁력을 갖춘 부들이 왜 이렇게 많은 씨앗을 만드는 것일까?

부들은 얕은 물가에서 자라는 잡초다. 그러나 물가는 결코 안정된 환경이 아니다. 수위는 끊임없이 변화하고 큰비가 내리면 물에 잠길 수도 있다. 또 비가 내리지 않으면 말라죽을 수도 있다. 사실 매우 불안정한 환경이다. 부들의 경쟁력이 아무리 강하다고 해도 지속적으로 생명을 유지할 수 있다는 보장은 없다. 그 때문에 부들은 항상 새로운 지역을 찾는다. 그리고 수많은 작은 도전을 되풀이하는 것이다.

4장

도태되지 않게 항상
한 걸음 앞서가다

어떤 환경에서도 살아남는 진화 전략

벼와 가장 비슷한 모습으로
살아남는다

강피(볏과)

"상농上農은 풀을 보지 않고 뽑는다."라는 말이 있다. 유능한 농가는 풀이 자라기 전에 뽑는다는 뜻이다. 이 말은 "중농中農은 풀을 보고 뽑고, 하농下農은 풀을 보고도 뽑을 줄 모른다."라는 말로 이어진다. 일반적인 농가는 풀이 보이면 뽑지만, 무능한 농가는 풀이 자라 있는 것을 보고도 뽑지 않는다는 뜻이다.

농업은 잡초와의 싸움이다. 자칫 방심하면 논밭은 순식간에 잡초투성이가 되어버린다. 풀이 보이면 뽑는 농가가 평범할 정도라고 하니 정말 힘든 일이 틀림없다. "풀을 보지 않고 뽑는다."라고 하면 허풍스럽게 들리겠지만 이는 풀이 보일 듯

말 듯 한 단계에서 뽑아야 한다는 뜻이다. 그중에서도 우리에게 소중한 쌀을 제공하는 논은 특히 손이 많이 가는 장소다. 모내기를 하고 어느 정도 지나면 논에는 잡초들이 자란다. 제초제가 없었던 옛날 농사꾼은 논 전체를 돌아다니며 잡초를 제거해야 했다.

한 차례 잡초 제거를 마칠 무렵이면 이미 다음 잡초들이 자라 있다. 당연히 또 뽑아야 한다. 그리고 두 번째 작업이 끝날 무렵이면 잡초들이 또 자라 있다. 농사꾼은 벼가 다 자랄 때까지 몇 번이고 잡초를 제거해야 했다. 벼농사는 그야말로 중노동이었다.

그런데 잡초 입장에서도 이것은 큰일이다. 몇 번이고 사람들이 논으로 들어와 닥치는 대로 자기들을 뽑아대지 않는가. 한 차례 제거 작업에서 살아남았다 해도 두 번째 작업이 시작된다. 잡초 입장에서 논이라는 환경은 정말 혹독하다. 논에서 살아남는 건 간단한 일이 아니다.

가혹한 환경에서 살아남기

이 위기를 적절하게 이겨내는 잡초가 강피다. 강피는 예로부터 논을 터전으로 삼아 적응하면서 진화를 이루었다. 학교에서 식물의 씨앗이 싹을 틔우는 데 필요한 조건이 '적합한 온도', '물', '산소'라고 가르치지만, 강피는 산소가 줄어들면 싹을 틔우는 성질을 가지고 있다. 논은 벼를 키우기 위해 물을 저장한다. 즉, 물이 채워져 산소가 부족해졌을 때가 강피가 싹을 틔우기에 적합한 타이밍이다.

강피는 그 옛날 대륙으로부터 일본으로 벼가 들어왔을 때 벼 씨앗에 섞여 들어왔다. 이미 조몬시대繩文時代* 말기 유적에서 강피의 씨앗이 발견되었으니까 그 역사는 매우 깊다.

논은 인간이 만들어낸 인공적인 환경이고, 강피는 훨씬 이전부터 논이라는 그 특수한 환경에 적응하면서 진화해 왔다. 강피는 크기가 1미터 정도인 잡초다. 작은 잡초라면 벼의 그늘에 가려 반복되는 제거 작업에서 살아남을지도 모른다. 하지만 키가 큰 강피는 벼의 그늘에 가려지지 않는다.

---

* 일본의 신석기시대 중 기원전 1만 4900년부터 기원전 300년까지의 시기를 말한다.

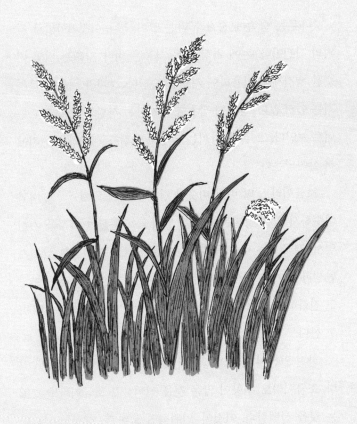

강피

주변과 동화해 모습을 숨기다

"나무는 숲속에 숨겨라."라는 말이 있다. 이것이야말로 강피의 작전이다. 논에 가장 많은 식물은 벼다. 강피는 벼와 비슷한 생김새를 이용하여 자신을 숨긴다. 강피와 벼를 구분하기는 쉽지 않다. 당연히 잡초를 제거하는 사람의 눈에 강피는 벼로 보인다. 그 결과, 강피는 당당하게 잡초 제거라는 위기에서 살아남는다.

조금이라도 더 벼와 비슷한 강피는 위기를 벗어나고 벼와 비슷하지 않은 강피는 정체가 발각되어 뽑히는 과정을 거치면서, 결국에는 벼와 구분할 수 없을 정도로 비슷한 잡초가 탄생한 것이다. 자연계에서는 환경에 적응한 개체가 살아남고 진화하며, 적응하지 못한 개체는 사라진다. 이것을 '도태'라고 한다.

한편 인간이 자신의 형편에 맞게 개체를 선택한 경우도 있다. 조금이라도 수량이 많은 것을 선택하고 조금이라도 맛있는 것을 선택한다. 이것이 '인위적인 도태'다. 강피도 인간이 인위적인 도태를 되풀이하는 과정에서 진화해 왔다. 물론 의도한 것은 아니지만 결과적으로 인간이 만들어낸 잡초다.

카멜레온이 주변 풍경과 동화하거나 대벌레가 나뭇가지와 비슷한 몸을 갖추었듯 다른 것과 비슷한 생김새로 몸을 감추는 것을 '의태'라고 한다. 강피는 벼의 모습을 닮은 '의태 잡초'다.

강피에게 중요한 것은 씨앗을 남기는 행위다. 겉모습은 무엇을 닮건 상관없다. 벼처럼 보이건 말건 그런 것은 중요하지 않다. 씨앗을 남길 마지막 순간, 강피는 머리 하나 정도 높게 이삭을 뻗는다. 인간이 그 정체를 깨달았을 때는 이미 늦다. 강피는 여기저기에 멋지게 씨앗을 흩뿌린다. 이제 인간이 할 수 있는 것은 화를 삭이는 것뿐이다.

중요한 임무를 위해서는 겉모습 따위에는 얽매이지 않는다. 강피는 임무를 수행하기 위해 자신을 억제해 주변에 녹아드는 간첩 같은 존재다. 굳이 겉모습을 중시해서 개성을 발휘할 필요는 없다. 자신을 확실하게 지켜낼 수 있다면 겉모습 따위는 주변과 큰 차이가 없어도 된다.

강피에게 배운다 ————
임무 수행을 위해서라면
확실히 주변에 스며드는 것도 필요하다.

풀베기로
경쟁자가 사라진 곳에서 자라다

새포아풀(볏과)

잔디밭에는 잔디라는 식물이 심어져 있다. 일반적인 식물에게 풀베기는 큰 충격이자 타격이 될 수 있지만 잔디는 풀베기를 당할수록 건강하게 자란다.

잔디는 대표적인 볏과 식물이다. 잔디뿐만 아니라 다른 볏과 식물들도 풀베기를 당하는 것을 오히려 좋아한다. 예를 들어 잔디밭에는 잔디 외에도 다양한 볏과 식물이 이용된다. 골프장에서 흔히 볼 수 있는 볏과 식물인 '새포아풀'도 그중 하나다. 또 1년에 몇 번이나 풀베기를 당하는 목초에도 볏과 식물이 이용된다.

풀베기를 당할수록 건강해지도록 진화

볏과 식물은 식물 중에서도 가장 진화한 종류 중 하나다. 이들 볏과 식물은 초원 지대에서 진화했는데, 식물이 무성한 삼림과 달리 초원은 식물이 적기 때문에 적은 먹이를 둘러싸고 초식동물들이 경쟁하듯 식물을 먹어 치운다. 그런 가혹한 환경에서 진화를 이룬 것이 볏과 식물이다.

볏과 식물의 가장 특징적인 점은 생장점이 낮다는 것이다. 일반적인 식물의 생장점은 줄기 끝에 있어서 새로운 세포를 만들면서 위쪽으로 뻗어 나간다. 그럴 경우, 초식동물에게 줄기의 끝부분을 먹히면 생장점을 잃어 피해가 크다. 그래서 볏과 식물은 생장점을 낮은 위치에 두는 형태로 진화했다. 물론 볏과 식물도 생장점이 줄기 끝에 있기는 하다. 그러나 줄기를 위로 뻗지 않아 끝부분이 지면에 거의 닿아 있는 상태다.

볏과 식물은 지면에 거의 닿아 있는 생장점에서 잎만 위쪽으로 밀어 올린다. 그러다 보니 소나 말 등 초식동물의 습격을 당해도 먹히는 것은 잎뿐이고 생장점은 지켜낼 수 있다. 계속 먹히더라도 잎만 지속해서 펼치면 된다. 이렇게 해서 진화를 이룬 것이 볏과 식물이다.

땅바닥에 이삭을 붙이는 이유

골프장이나 공원의 잔디밭은 늘 깨끗하게 깎여 있다. 풀베기를 당하면 지면에서 뻗은 잎에 빛이 닿는다. 게다가 풀베기를 당하면 다른 식물은 제거된다. 그래서 잔디 깎기를 할수록 잔디는 더 싱싱하고 아름다워진다.

특히 정성스럽게 잔디 깎기가 이루어지는 장소가 골프장이다. 골프장 중에서도 가장 반들반들하게 잔디 깎기가 바짝 이루어지는 곳이 '그린'이라고 불리는 장소다. 그린은 컵에 들어가기 직전 공이 구르는 장소이기 때문에 잔디가 너무 길게 자라지 않도록 잔디 깎기가 자주 이루어지고 몇 밀리미터 정도로 일정하게 높이를 맞춘다. 그린에서는 금잔디나 벤트그래스(bentgrass, 겨이삭띠)라고 불리는 볏과 식물이 잔디로 이용된다. 그런 그린에 자라는 잡초가 새포아풀이다. 새포아풀은 볏과 잡초이기 때문에 풀베기에 매우 강하다.

그러나 문제가 있다. 그린의 잡초로 살아가려면 다음 세대를 남겨야 한다. 인간이 씨앗을 뿌려 관리하는 잔디와 달리 잡초에 해당하는 새포아풀은 자신의 능력으로 씨앗을 남긴다. 볏과 잡초의 생장점은 낮은 위치에 있지만 이삭을 내어 씨

새포아풀

앗을 만들 때는 줄기를 뻗어야 한다. 그러나 골프장의 그린처럼 잔디 깎기가 자주 이루어지는 장소에서는 줄기를 뻗으면 씨앗을 맺기 전에 잘려버린다.

그 때문에 그린에서 자라는 새포아풀은 풀베기를 당하는 몇 밀리미터 정도의 높이보다 낮은 위치에서 거의 지면에 붙듯이 이삭을 뻗는다.

장소마다 다른 풀의 길이

새포아풀은 크게 자라면 20센티미터 정도 높이까지 생장하는 잡초다. 그러나 골프장에서는 조금이라도 높게 줄기를 뻗으면 즉시 풀베기를 당해버리기 때문에 낮게, 더 낮게 이삭을 지면에 붙인다. 놀랍게도 그린에 자란 새포아풀을 옮겨 심거나 자르지 않고 그냥 자라게 해도 그대로 몇 밀리미터 정도에서 이삭을 낸다. 즉, 낮게 이삭을 내는 성질을 유전적으로 갖추고 있다.

골프장에는 그린 이외에도 처음으로 공을 치는 티잉 그라운드나 코스의 중심으로 공을 치기 쉬운 페어웨이, 페어웨이의 바깥쪽에서 일부러 공을 치기 어렵게 만든 러프 등이 있다. 그리고 각 장소마다 다른 높이에서 잔디 깎기를 한다. 재미있는 건 각 장소에서 채취해 온 새포아풀이 각 장소의 잔디 깎기 높이에 맞추어 이삭을 낸다는 점이다.

"튀어나온 말뚝은 얻어맞는다."라는 말이 있는데, 그 말대로다. 씨앗을 맺는 것이 중요하다고 해서 무조건 높게 뻗는 게 좋은 것은 아니다.

새포아풀에게 배운다 ————
쓸데없이 튀어나온 말뚝이 되어
에너지를 낭비할 필요는 없다.

장소를 이동해
습지의 패자가 되다

갈대(볏과)

식물은 가만히 내버려두면 더 강한 식물로 변해간다. 예를 들어 공터가 형성되면 처음에는 작은 풀들이 자라고 이어서 약간 큰 풀이 자란다. 이후, 큰 풀이 무성하게 자라고 관목이 자라 덤불을 이룬다. 그러고 나면 양수陽樹*로 숲을 이루고 마지막에는 음수陰樹가 무성한 삼림을 이룬다. 이런 식으로 식물의 생태가 변하는 현상을 교과서에서는 '천이遷移'라고 부른다.

---

* 나무에 따라 햇빛을 더 좋아하거나 싫어하기도 한다. 햇빛을 좋아하는 나무 종류를 양수, 빛이 잘 들지 않는 어두운 곳에서도 잘 자라는 나무를 음수라고 한다.

음수는 그늘에서도 잘 자라는 나무다. 마지막에 음수로 삼림을 이루는 이유는 음수의 묘목이 어두운 숲속에서도 자랄 수 있기 때문이다. 양수는 햇빛이 닿는 어른 나무는 좋지만 그 숲속에서 양수의 씨앗은 자랄 수 없다. 그 때문에 마지막에는 음수에 밀려버린다. 결국 천이의 최종적인 승자는 음수다. 이 마지막 승자가 군림한 최종적인 상태를 '극상極相'이라고 한다.

하지만 다 성장한 음수만이 극상을 이루는 것은 아니다. 갈대가 극상을 이루는 경우가 있다. 갈대는 2미터 이상이 되기 때문에 풀 중에서는 대형에 속한다. 그러나 그 키는 나무들과 비교하면 크다고 말하기 어렵다.

갈대가 무성한 나라

일찍이 일본은 '갈대가 무성하고 영원무궁토록 벼 이삭이 영그는 나라'로 불렸다. 이를 '도요아시하라노미즈호노쿠니豊葦原の瑞穂の国'라 한다.

여기서 '葦위'가 갈대를 뜻한다. '葦'는 일본어로 '아시'라고

도, '요시'라고도 읽는다. "아시와 요시가 자란다."는 말이 있는데, 실제로는 양쪽 모두 같은 식물이다. 원래는 '아시'라고 불렸지만 '나쁘다'는 뜻의 '惡し'와 발음이 비슷해서 '요시'로 부르게 되었다. 현재는 식물 도감에 '요시'를 정식 명칭으로 채용하고 있다. 한편 간사이關西 지방에서는 '아시'가 돈을 의미하는 '오아시'와 비슷해서 좋은 의미라 여기기 때문에 그대로 '아시'라고 불린다.

일본인의 주식인 쌀이 열매를 맺는 것은 좋은 일이라 하더라도 잡초인 갈대가 무성한 것이 풍요로운 국가에 해당한다는 건 이해하기 어렵다.

습지에 퍼져 있는 갈대밭은 논으로 개척하는 데 적합한 토지다. 또는 갈대의 뿌리에는 철을 만들어내는 철박테리아가 부착되는 경우가 있다. 예전에는 이것을 모아 철을 만들었다. '도요아시하라의 벼 이삭이 영그는 나라'에는 당시 가치가 높았던 쌀과 철이 풍부한 나라라는 의미가 있다.

일찍이 일본에는 드넓은 갈대밭이 펼쳐져 있었다. 평야로 이루어진 저지대가 논으로 개발된 것은 에도시대 중반 이후로, 현재 도시나 주택지가 되어 있는 평야의 대부분은 과거에는 갈대가 무성한 저지대 습지였다.

갈대

육지에서는 거대한 나무로 자라는 나무들이 천이의 극상을 이룬다. 여기에 비해 물가에서는 갈대가 천이의 패자가 되어 전체를 갈대밭으로 만들어버린다.

그렇다면 의문이 든다. 나무와 비교하면 키가 낮은 풀인 갈대가 어떻게 천이의 패자가 될 수 있었을까?

이것은 어려운 문제가 아니다. 물이 고이는 습지대에는 거대한 나무들이 살 수 없기 때문에 풀인 갈대가 천이의 패자가 될 수 있는 것이다. 그래도 여전히 의문은 남는다. 풀이 되는 식물은 많이 있는데, 그중에서 왜 갈대였을까? 그 이유 중 하나에는 볏과 식물의 진화가 관련되어 있다.

143쪽에서 이미 소개했듯 볏과 식물은 건조한 초원 지대에서 진화를 이루었다. 여기서 생각해 보자. 어째서 건조한 지대에서 발달한 볏과 식물이 습지의 패자가 되었을까?

볏과 식물은 줄기를 뻗지 않고 생장점을 가장 낮은 위치에 배치했다. 그리고 낮은 생장점에서 잎을 위로 밀어 올리는 형태로 진화했다. 그 이유는 초식동물로부터 생장점을 지키기 위해서다. 낮은 위치에 생장점이 있으면 아무리 잎이 먹혀도 생장점은 먹히지 않고 지킬 수 있다. 이처럼 생장점이 지면에

거의 닿아 있는 볏과 식물은 잎과 뿌리의 위치가 가깝다는 특
징이 있다.

식물이 습지에서 자랄 때 문제가 되는 것은 산소다. 습지
에 살려면 물에 잠긴 흙에 뿌리를 내려야 하는데, 어떻게 해
서 산소를 뿌리에 공급하느냐가 해결해야 할 과제다. 그런데
건조한 지역에서 진화한 볏과 식물은 뜻하지 않게 이 과제를
해결했다.

갈대의 획기적인 발명

잎과 뿌리의 위치가 가깝다는 것은 잎에서 받아들인 산소
를 즉시 뿌리로 보낼 수 있다는 뜻이다. 그 때문에 볏과 식물
들 중에 습지로 진출한 식물이 많다.

예를 들어 물에 잠긴 논에서 재배되는 벼도 볏과 식물이
다. 갈대는 그 볏과 식물 중에서 천이의 패자가 되었다. 물론
패자가 되려면 경쟁력이 필요한데, 경쟁력을 높이려면 어느
정도 높은 줄기를 가져야 한다.

갈대가 자라는 습지는 늘 수위가 변하는 데다가 때로는 홍수가 밀려올 수 있는 불안정한 환경이다. 그런 상황에서 줄기를 뻗으려면 나름의 연구가 필요했다. 갈대가 발명해 낸 것은 속이 빈 줄기다.

속이 빈 줄기는 공기를 통과시킬 수 있다. 그뿐이 아니다. 속이 채워진 줄기와 비교하면 재료를 절약할 수 있어 그만큼 줄기를 길게 뻗을 수 있다. 게다가 가볍기 때문에 줄기를 높이 뻗을 수도 있다. 그리고 속이 빈 줄기는 잘 휘어져, 강한 물살에도 부러지지 않고 낭창낭창 잘 버텨낸다.

물론 단순히 잘 휘어지기만 하는 약한 줄기로는 높이 설 수 없다. 그래서 줄기 이곳저곳에 마디를 넣어 보강했다. 이렇게 해서 갈대는 가볍고 튼튼하면서 커다란 줄기를 갖추게 되었다. 이 가볍고 튼튼한 줄기는 '갈대발'의 재료로도 이용되고 있다.

그러나 볏과의 이점은 뿌리와 잎이 가깝다는 데 있다고 했다. 그렇다면 키가 큰 갈대 줄기는 볏과의 이점을 발휘할 수 없는 것이 아닐까?

그렇다. 그 해답을 알려면 볏과 식물의 진화를 생각해 볼 필요가 있다. 다른 벗과 잡초를 소개하면서 갈대의 수수께끼를 더 파헤쳐 보자.

갈대에게 배운다 ————
외부로부터의 강한 압력은
휘어지는 능력으로 흘려보낸다.

단순한 형태에
진화의 흔적이 숨겨져 있다

억새(볏과)

갈대는 습지에서 발생하는 천이의 극상을 이루는 최후의 승자다. 육상에서는 빛을 찾아 나무들이 경합을 벌이고, 거대한 나무들이 울창한 깊은 숲이 극상을 이룬다. 그러나 천이가 좀처럼 진행되지 않는 장소도 있다. 예를 들어 산성에 해당하는 화산재 토양에서는 나무들이 자라기 어렵다. 그런 장소에서 패자가 된 것이 억새다.

갈대와 마찬가지로 패자로서 군림하려면 잡초라고 해도 빛을 둘러싼 경쟁에서 이겨야 한다. 경쟁에서 이기려면 다른 식물보다 높이 자라야 한다. 그러나 갈대나 억새는 볏과 식물이다. 이미 새포아풀 항목에서 소개했듯, 볏과 식물은 초식동물의 먹이가 되어 피해를 입지 않기 위해 생장점을 지면에 닿을 정도로 낮은 위치에 배치한다. 그렇게 줄기를 뻗지 않고 낮게 퍼지는 형태로 발달했다. 즉, 생장점을 사이에 두고 뿌리와 잎뿐인 단순한 형태다.

그것이 우리가 상상하는, 지면에 가느다란 잎만 나와 있는 것처럼 보이는 '풀'의 모습이다. 그러나 다른 식물과 빛을 경합하는 식물의 숙명을 생각하면 조금이라도 키가 커야 한다.

어떻게 해야 할까? 이 문제를 생각하려면 '볏과 식물의 진화 이야기'를 하지 않을 수 없다. 다양한 연구를 통하여 진화해 온 볏과 식물을 살펴보자.

길게 뻗은 잎을 접어서 세운다

우선, 지면에서 잎을 뻗어 높이를 얻는 방법은 무엇일까? 예를 들어 책상 위에 종이를 세워 어느 정도 높이 만들 수 있는지를 생각해 보자. 긴 변과 짧은 변이 있으면, 긴 변을 세로로 세우는 쪽이 높아진다. 잎도 마찬가지다. 잎을 크게 만든다고 해서 무턱대고 높이 자라게 만들 수는 없다. 잎의 면적이 일정하면, 세로로 가늘고 긴 쪽이 높이를 얻을 수 있다. 볏과 식물이 가늘고 긴 잎을 가지고 있는 이유는 그 때문이다.

그렇다면 종이를 세로로 길게 잘라 책상 위에 세워보자. 그냥 세우면 종이는 힘없이 쓰러져 버린다. 이럴 때는 어떻게 해야 좋을까? 종이를 세로로 접어서 세우면 쓰러지지 않게 된다.

억새 잎도 이와 비슷한 시도를 한다. 억새 잎을 살펴보면, 잎 한가운데에 굵고 하얀 선이 보인다. 이것이 '중륵中肋'*이라고 불리는 잎맥이다. 잎의 중륵은 그야말로 종이를 접은 것과 똑같다. 그 증거로 잎의 뿌리 부분을 보면 둘로 접혀 있다. 이 것이 볏과 식물이 연구를 통해서 진화한 결과다. 그러나 키를 더 높이 만들고 싶으면 어떻게 해야 할까?

다시 책상 위에 종이를 세우고 어느 정도나 높이 만들 수 있을지 생각해 보자. 가장 효과적인 방법은 종이를 둥글게 원통 모양으로 마는 것이다. 원통으로 만들면 종이의 강도는 더 증가하고 세진다. 긴 종이를 둥글게 말아 원통처럼 만든다면

---

* 잎 한가운데를 세로로 관통하는 굵은 잎맥이다.

종이만으로도 상당한 높이를 만들 수 있다.

볏과 식물도 비슷한 연구를 했다. 볏과 식물의 잎은 원통 모양 부분과 그 끝의 일반적인 잎 부분으로 구성되어 있다. 일반적인 잎 부분은 '엽신葉身(잎몸)'이라고 하며, 원통처럼 생긴 부분은 칼을 담는 칼집 같아서 '엽초葉鞘(잎집)'라고 부른다. 이 엽초는 원통 모양이기 때문에 언뜻 줄기처럼 보인다.

놀랍게도 볏과 식물의 줄기로 보이는 부분은 잎이 변한 것이다. 즉, 줄기를 뻗으면서 거기서 잎이 나오는 것처럼 보이지만 볏과 식물은 뿌리와 잎이 연결되어 있었던 것이다. 엽초는 언뜻 보면 줄기밖에 보이지 않기 때문에 '헛줄기'라고 부른다. 그러나 억새나 갈대 등의 볏과 식물은 줄기 끝에 이삭이 달려 있다. 어떻게 된 것일까?

사실 진짜 줄기는 엽초의 통 안에 있다. 볏과 식물은 원통 모양의 잎인 헛줄기 안에 생장점이 있다. 그리고 이삭이 나오는 시기가 되면 생장점을 선두로 줄기가 그 안에서 뻗어 나온다. 평소에는 가능하면 줄기를 뻗지 않고 엽초로 높게 자라다가 이삭이 나오는 시기에만 줄기를 뻗는다. 이것도 초식동물로부터 이삭을 지키기 위한 방책이다.

억새

벼과 식물을 이삭이 나오는 시기에 관찰해 보면 이삭이 통 안에서 나오는 모습을 볼 수 있다. 앞에서 소개한 갈대가 생장점을 지키면서 높은 줄기를 가질 수 있었던 비밀은 이런 연구와 노력에 있었다.

초식동물과 벼과 식물의 조용한 공방

물론 종이에 비교하면 벼과 식물의 잎은 훨씬 단단하고 튼튼하다. 유리의 원료가 되는 물질인 규산은 흙 속에 많이 있지만 아무런 영양도 되지 않는다. 그러나 벼과 식물은 그 규산을 적극적으로 흡수하여 단단한 잎을 만든다. 벼과 식물이 규산을 모으는 것은 원래는 초식동물에게서 몸을 지키기 위해서였다. 그러나 갈대나 억새 같은 벼과 식물은 키를 키우는 데도 규산이 도움이 되었을 것이다. 억새가 무성한 초원은 초식동물의 서식지가 된다. 그 때문에 억새는 몸을 지키기 위해 잎 주변에 규산을 톱니처럼 늘어세워 놓았다.

벼과 식물은 초식동물로부터의 피해를 방지하기 위해 다양하게 진화했다. 이미 소개했듯 생장점을 낮게 배치하는 것도 볏과 식물의 연구 중 하나다. 그러나 초식동물 쪽도 볏과 식물을 먹지 않으면 살 수 없다. 그 때문에 초식동물 역시 볏과 식물을 먹을 수 있도록 고도의 진화를 이루어왔다. 예를 들어 초식동물은 단단한 볏과 식물의 잎을 갈아 먹을 수 있도록 치아를 맷돌 같은 형태로 발달시켰다.

그 밖에도 볏과 식물의 연구는 또 있다. 잎 속의 영양분을 줄여 먹이로서의 매력을 감소시켰다. 물론 초식동물 역시 가만히 있지 않았다. 초식동물인 소는 네 개의 위장을 가지고 있어서 위장 속의 미생물로 볏과 식물의 잎을 분해하여 영양분을 얻는다. 또 말은 긴 맹장을 가지고 있어서 영양이 적은 볏과 식물로부터 영양분을 흡수하는 구조를 발달시켰다.

진화하지 않으면 볏과 식물은 무성한 초원에서 살아남을 수 없었다. 볏과 식물과 초식동물은 함께 진화를 이루어왔다. 그렇게 초식동물과 경합하면서 진화한 결과, 억새는 단단하고 내구력 있는 몸을 얻었다.

극상의 패자가 된 억새

과거에는 이 억새의 줄기를 엮어 지붕을 이었다. 이것이 '억새지붕'이다. 그리고 마을에는 억새를 베기 위한 장소가 따로 있었다. 하지만 그대로 내버려두면 천이가 진행되어 나무들이 자라고, 마침내는 숲이 되어 억새가 사라진다. 그 때문에 사람들은 억새 초원을 유지하려고 정기적으로 풀을 베고 불을 질러 들을 태웠다. 이렇게 해서 나무들이 자라는 것을 방해하면 천이의 진행을 막아 억새 초원을 유지할 수 있다.

만약 인간을 생물의 일종에 지나지 않는다고 생각하고 인간의 활동을 생물이 하는 활동이라고 생각한다면 어떨까? 인간의 활동에 의해 유지되는 억새 초원은 어떤 의미에서 극상으로 간주할 수도 있다. 이런 과정을 거치면서 억새는 인간을 적절하게 이용하여 결국에는 극상의 패자가 될 수 있었다.

억새에게 배운다 ─────
살아남기 위해 이용할 수 있는 것은
무엇이든 이용한다.

뜨거운 태양 아래에서도
싱싱하게 자라다

매일 물을 주는 화단의 화초들까지 시들어버리는 뜨거운 태양 아래에서, 아무도 물을 주지 않아도 길가의 강아지풀은 싱싱하게 잘 자란다. 그 이유는 강아지풀이 가진 특별한 광합성 구조에 있다. 강아지풀은 'C$_3$ 회로'라고 불리는 일반적인 광합성 구조와 달리 'C$_4$ 회로'라는 구조를 가지고 있다. C$_4$ 회로를 가진 식물은 일반적으로 'C$_4$ 식물'이라고 불린다.

광합성은 이산화탄소와 물을 재료로 삼아 당을 만들어내는 생산 공장 같은 구조다. 이 공장이 에너지로 사용하는 것이 태양의 빛에너지다. 식물의 광합성이라고 하면 산소를 발산한다는 이미지가 있을지 모르지만 산소는 이 공장에서 내

보내는 폐기물이다. 즉, 산소는 쓰레기로서 버려진다.

식물의 잎에는 '기공'이라는 공기 출입구가 있고, 이곳으로 이산화탄소를 받아들인다. C_4 회로는 이렇게 받아들인 이산화탄소를 농축하는 역할을 한다. 그리고 농축된 이산화탄소를 단번에 C_3 회로로 보낸다. 광합성의 구조는 생산 공장과 비슷하다. 여름에는 태양에너지가 풍부하지만 에너지만 있고 재료가 없다면 생산성은 오르지 않는다. C_4 식물은 재료를 효율성 있게 단번에 보낼 수 있기 때문에 여름의 뜨거운 태양 아래에서도 광합성의 생산성을 올릴 수 있다.

C_4 회로의 이점은 또 있다. 식물은 이산화탄소를 받아들이기 위해 기공을 열지만 기공에서는 귀중한 수분이 수증기가 되어 도망가 버린다. C_4 식물은 한 번 기공을 열면 받아들인 이산화탄소를 농축해 둘 수 있기 때문에 기공을 여는 횟수를 줄일 수 있다. 그 때문에 수분 낭비가 적고, 건조 현상에 대해서도 강하게 대처할 수 있다. C_4 회로는 보다 진화한 광합성 구조다.

하지만 더 진화한 광합성 구조도 있다. 'CAM(크레슐산 대사)'이라고 불리는 광합성 구조는 C_4 식물의 구조를 더욱 개량했다. CAM을 가진 식물은 'CAM 식물'이라고 불린다.

C$_4$ 식물은 C$_4$ 회로로 이산화탄소를 농축하면서 동시에 C$_3$ 회로를 돌린다. 여기에 비해 CAM 식물의 전략은 이렇다. CAM 식물은 C$_4$ 회로와 C$_3$ 회로의 분업을 더 명확하게 했다. 그리고 야간에 이산화탄소를 받아들여 C$_4$ 회로에 농축해 두고, 낮에는 C$_3$ 회로로 광합성을 하도록 연구했다.

이 방법이라면 밤에만 이산화탄소를 받아들이기 위해 기공을 열면 된다. 무더운 낮에는 기공을 열 필요가 없어져 건조한 현상에 보다 강하게 대처할 수 있다. 즉, CAM은 훨씬 더 진화한 광합성 구조다.

진화한 시스템 CAM의 중대한 결점

그러나 잡초 중에서 CAM을 가진 식물은 쇠비름 등 일부로 한정되어 있다. 또 잡초 이외에는 CAM을 가진 식물이 많지 않다. 다른 식물들이 진화한 시스템인 CAM을 채용하지 않는 이유는 무엇일까? 물론 채용할 수 없는 것은 아니다. 단지 채용하지 않을 뿐이다.

여기에는 이유가 있다. CAM에는 중대한 결점이 있다. 야간에 이산화탄소를 도입한다고는 해도 C₄ 회로에 축적할 수 있는 양은 한정되어 있다. 그 때문에 낮의 광합성에서 사용할 수 있는 이산화탄소의 양이 한정되어 버린다. 그뿐이 아니다. 기공을 연다는 것은 이산화탄소를 받아들임과 동시에 폐기물인 산소를 배출하는 역할도 있다. 낮에 기공을 열지 않으면 산소가 쌓인다. 그 때문에 활발한 광합성 활동을 할 수가 없다. 유감스럽지만 가장 진화한 광합성 구조인 CAM은 가장 효율성이 나쁜 광합성 구조이기도 하다. 그 때문에 일반적인 식물은 CAM을 채용할 필요가 없다.

다만 낮에 기공을 열지 않는 CAM은 건조 현상에 매우 강하다. 따라서 광합성의 효율성이 낮아도 건조한 현상을 견딜 수 있는 쪽을 우선하는 사막의 식물들이 많이 채용한다.

한편 C₄ 식물은 어떨까? 낮에도 기공을 열면서 광합성을 하는 C₄ 식물이라면 이산화탄소가 부족할 일도 없고 산소가 쌓일 일도 없다. 그러나 C₄ 식물로 불리는 식물도 한정되어 있다.

C₄ 회로는 재료가 되는 이산화탄소를 농축하는 구조다. 이산화탄소는 대기 중에 항상 풍부하게 존재하기 때문에 태양에너지가 풍부하다면 단번에 공장의 생산성을 높일 수 있

다. 그러나 태양에너지가 늘 풍부하지는 않다.

해가 비치지 않는 그늘이라는 환경도 있다. 또는 여름이 끝나 가을이 되면 햇빛은 약해진다. 또 광합성 효율을 높이려면 기온이 높아야 유리한데, 그 반대로 기온이 낮으면 광합성의 효율성은 떨어진다. 재료가 풍부해도 에너지가 부족하면 공장은 힘을 발휘할 수 없다.

그뿐이 아니다. 사실 이산화탄소를 농축하는 C_4 회로라는 전처리도 에너지가 필요하다. 가뜩이나 에너지가 부족한데 쓸데없이 에너지를 낭비해 버린다. 그 때문에 C_4 식물은 태양에너지가 강한 열대 같은 환경에서는 힘을 발휘하지만 일본 같은 온대 환경에서는 반드시 우위에 있지 못한다. 일본의 잡초에는 C_3 식물과 C_4 식물을 모두 볼 수 있다. 각각에 유리한 환경이 있다는 뜻이다. 단, 마구잡이로 진화할 수는 없다. 진화하는 데도 장점과 단점이 존재한다.

환경이 달라져도
유연하게 적응하다

변화를 두려워하지 않는 대응 전략

환경에 맞추어
자유자재로 변화한다

개망초(국화과)

비슷한 잡초도 아주 많다. 구별하는 방법을 꽤 상세하게 설명한 도감을 보아도 구별하기가 쉽지 않다. 돋보기로 보지 않으면 구별이 힘들다고 설명한 것도 있다. 이렇게 세밀한 부분까지 구별해야 할까 생각될지도 모르지만 어쩔 수 없다.

내 경우에는 젊은 아이돌을 구별하기가 어렵다. 젊은 사람들은 어이없다는 표정으로 말한다. "어디가 똑같아요? 전혀 다르잖아요." 하지만 나는 구별이 쉽지 않다. 만약 아이돌 도감을 만든다면 내가 구별할 수 있을까? 인상에 쉽게 남는 것은 헤어스타일이나 복장인데, 이것들은 변화가 심하다. 이것들 이외의 차이를 찾는다면 눈 아래 점이 있다거나 웃으면 보조개가 들어간다거나 하는 세밀한 부분으로 구별하는 수밖에 없다.

식물도 마찬가지다. 차이를 아는 사람에게는 분명히 다른 식물이지만 구별하는 방법을 설명하려면 매우 세밀한 부분으로 구별하는 수밖에 없다. 그래서 도감을 읽고 이해하기가 쉽지 않다.

한해살이풀과 여러해살이풀이 가진 장점과 단점

봄망초와 개망초도 매우 비슷한 잡초로 소개된다. 이 두 가지를 구별하는 방법으로 봄망초는 잎이 줄기를 품고 있다거나 줄기의 속이 비어 있다는 식으로 도감에는 설명되어 있다. 그러나 봄망초와 개망초는 생물 분류학적으로 전혀 다른 식물이다.

둘 다 북아메리카에서 일본으로 건너온 외래 식물이다. 먼저 건너온 것은 개망초다. 개망초는 메이지시대*에 일본으로

---

* 1868~1912년까지 메이지 덴노의 재위 기간에 일본이 사용한 연호이자 시대 구분이다.

건너왔다. 당시 선로를 따라 각지에 퍼져 있었다는 점에서 '철로에 자라는 풀'로 알려졌다. 개망초는 민들레와 마찬가지로 솜털로 씨앗을 날려 보낸다. 기차가 일으키는 바람을 타고 분포 지역을 넓혀가는 낯선 잡초는 문명 개화의 상징이었다. 한편 봄망초는 다이쇼시대*에 일본으로 건너와 분포 지역이 서서히 확대되었다.

빠르게 확산된 개망초와 서서히 확산된 봄망초, 그 차이를 낳은 원인은 무엇일까?

개망초는 도감에 '월년초越年草'라고 소개되어 있다. 월년초는 가을에 싹이 나서 겨울을 지나 이듬해에 꽃을 피운다. 해를 넘기기 때문에 월년초라고 불리는데, 싹이 난 뒤에 1년 안에 씨앗을 남기고 말라버린다.

덧붙여 봄에 싹이 나서 가을에 말라버리는 식물은 도감에 한해살이풀이라고 씌어 있다. 월년초도 한해살이풀도 1년 이내에 말라버리기 때문에 마지막에는 가지고 있는 모든 영양분을 사용해서 씨앗을 생산한다. 즉, 다음 세대에 모든 것

---

* 1912~1926년까지 다이쇼 덴노의 재위 기간이다. 20세기 초의 시기를 구분해서 가리키는 용어다.

을 투자하는 것이다.

한편 봄망초는 도감에 여러해살이풀이라고 소개되어 있다. 여러해살이풀은 꽃을 피우고 씨앗을 만들지만 그 후에 자신도 말라 죽지 않고 살아남는다. 그리고 해마다 그루터기를 확대해 나간다. 여러해살이풀은 씨앗을 만들 뿐 아니라 자신의 생장에도 투자해야 하기 때문에 한해살이풀과 비교하면 씨앗의 수가 적다. 그 때문에 씨앗을 통한 증식은 한해살이풀과 비교하면 떨어진다.

한해살이풀과 여러해살이풀 중 어느 쪽이 유리하냐고 묻는 것은 어리석은 질문이다. 왜냐하면 한해살이풀도 여러해살이풀도 각각 자신들의 장점을 마음껏 발휘하고 있기 때문이다. 한해살이풀은 환경 변화에 강하다. 특히 예측할 수 없는 변화가 불규칙적으로 발생하는 환경에 강하다. 그런 장소에서는 살아남기 힘들다. 하지만 파괴 이후에는 반드시 창조가 있다. 따라서 속도감 있게 다음 세대를 갱신해서 새로운 환경에 대응하게 된다.

한편 세대를 이을 수단이 씨앗밖에 없는 한해살이풀은 모든 씨앗이 전멸할 위험성도 있다. 그런 점에서 여러해살이풀은 씨앗을 남기면서 자신도 살아남으니까 보험에 들었다고 볼 수 있다. 설사 씨앗이 전멸된다 해도 자신이 남아 있으니까 다시 씨앗을 만들면 된다. 또 씨앗에서 싹을 내어 크게 생장하기는 쉽지 않지만 그루터기가 남아 있는 여러해살이풀은 즉시 크게 생장할 수 있다. 다만 여러해살이풀은 자신에게 투자해야 해서 다음 세대에 대한 투자는 그만큼 줄어들기 때문에 한해살이풀처럼 잇달아 세대를 갱신해서 환경 변화에 적응해 가는 속도감은 뒤떨어진다.

이처럼 한해살이풀과 여러해살이풀은 각각 장점과 단점이 있다.

적당함이야말로 환경 적응력

개망초는 월년초이지만 해를 넘긴다고 해도 1년 안에 말라버리기 때문에 '겨울형 한해살이풀'이라고 부르기도 한다. 모든 것을 씨앗에 투자하고 속도감 있게 갱신하는 전략이다.

그런데 개망초가 1년 안에 말라버리지 않고 2년에 걸쳐 자라는 경우도 있다. 이처럼 1년 이상에 걸쳐 그루터기를 확대

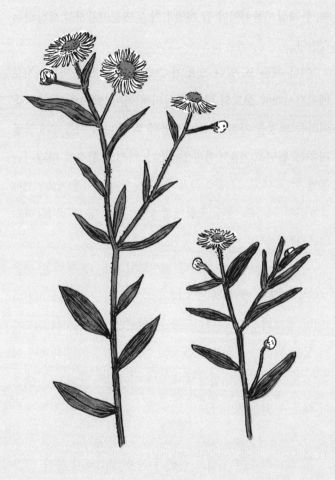

개망초

해 2년째에 꽃을 피우는 식물은 두해살이풀이라고 부른다. 즉, 한해살이풀이어야 할 개망초가 두해살이풀처럼 생장하는 것이다.

이런 예는 또 있다. 망초가 그렇다. 개망초와 마찬가지로 메이지시대에 철도와 함께 확산되어 역시 '철로에 자라는 풀'이라는 별명을 가진 망초는 가을에 싹이 나서 이듬해에 꽃을 피우는 월년초(겨울형 한해살이풀)다. 하지만 환경에 따라서는 봄에 싹을 내고, 그해에 꽃을 피우는 한해살이풀(여름형 한해살이풀)이 되기도 한다. 도감대로 되는 것이 아니다. 이상하지 않은가?

사실 잡초는 식물 도감에 기재되어 있는 것과 다른 생을 보내는 경우도 많다. 봄에 핀다고 씌어 있지만 가을에 피거나 1미터 정도의 키로 자란다고 쓰여 있지만 10센티미터 정도에서 꽃을 피우는 경우도 있다. 잡초는 그야말로 제멋대로인 식물이다. 그러나 잡초 입장에서 보면 이야기가 달라진다. 충분히 있을 수 있는 일이다.

잡초는 예측이 어렵고 변화가 심한 장소에서 자란다. 그 변화에 대응하지 못하면 살아남을 수 없기 때문에 환경에 맞추어 자유자재로 변화한다. 애당초 한해살이풀이나 여러해살이풀이라는 것은 인간이 마음대로 정한 분류에 지나지 않는다. 이른바 표식을 붙여놓았을 뿐이다.

도감에 씌어 있는 것이 인간이 생각하는 '당연한 모습'이라고 한다면, 잡초는 그런 표식에 전혀 구애받지 않는다. 당연한 모습에 얽매이지 않기 때문에 잡초는 강하다.

개망초에게 배운다 ─────
당연한 모습에 구애받지 않고,
표식에 얽매이지 않는다.

단순하고 낡은
시스템이지만 강하다

===

쇠뜨기(속새과)

===

잡초는 가장 진화한 식물로 알려져 있다. 과학 교과서에서 소개하는 식물의 진화를 살펴보자. 우리 인간을 포함하는 척추동물은 어류가 육상으로 진출하여 양서류가 된 이후 파충류나 조류, 포유류로 진화를 이루었다.

물속에서 육상으로 진출한 식물의 과제는 '수분을 어떻게 체내로 보낼 것인가?' 하는 것이었다. 식물의 진화에서 처음으로 육상에 진출한 선태식물은 뿌리와 줄기와 잎의 구별이 없고 몸속에서 수분을 이동시키는 구조가 발달되어 있지 않았다. 그 때문에 몸을 크게 만들 수 없어 수분이 많은 습한 지역에 서식했다. 다음으로 등장한 양치식물은 뿌리와 줄기와 잎의 구별이 있고, 헛물관이라고 해서 불완전하기는 하지만 물을 보내는 구조를 가지고 있었다.

한편 양치식물은 포자로 증식하는데, 포자는 유성생식을 할 때 정자가 헤엄치기 위한 물이 필요하다. 그 때문에 양치식물 역시 물가에서 벗어났다고 해도 습한 토지에 사는 수밖에 없었다.

그래서 생식에 물이 필요하지 않은 씨앗을 발달시킨 것이 겉씨식물이다. 겉씨식물이 건조한 토지에서 발달하면서 '환경 변화에 어떻게 대응하는가?' 하는 것이 식물 진화의 과제가 되었다.

겉씨식물은 씨앗의 근원이 되는 밑씨가 드러나 있는 반면, 겉씨식물에서 진화한 속씨식물은 밑씨가 씨방에 싸여 있다. 겉씨식물은 꽃가루가 날아온 이후에 씨앗을 만들기 시작하기 때문에 씨앗이 형성되기까지 시간이 걸린다. 거기에 비해 밑씨가 지켜지는 속씨식물은 씨방 안에서 수정을 위한 준비를 갖추고, 꽃가루가 날아옴과 동시에 수정하여 씨앗을 만들 수 있다. 이렇게 속도가 빨라지면서 진화의 속도는 가속화되었고, 다양한 환경에 적응하게 되었다.

식물이 속도를 더욱 높인 것이 나무에서 풀로의 진화다. 나무는 크게 성장하는 데에 몇 년이나 필요하지만 풀은 짧은 기간에 꽃을 피우고 씨앗을 남길 수 있다. 이렇게 해서 더 빨리 속도 향상을 실현하고, 환경 변화에 적응했다.

그리고 잡초라고 불리는 식물이 출현했다. 잡초는 인간이라는 생물의 종이 잇달아 만들어내는 환경 변화에 적응하여 다양한 진화를 이루었다. 그리고 가장 진화한 식물이라고 불리게 되었다.

가장 성가신 잡초 중 하나인 쇠뜨기

봄을 노래하는 시에 뱀밥이 등장하기도 하는데, 뱀밥의 식물 이름이 쇠뜨기다. 뱀밥은 꼭대기가 붓 모양으로 생긴 쇠뜨기의 홀씨 줄기다. 뱀밥은 귀엽지만 쇠뜨기는 가장 성가신 잡초 중 하나다. 제초제를 광고할 때 "쇠뜨기도 말려 죽입니다."라는 문구가 등장할 정도다. 하지만 유감스럽게도 제초제로 쇠뜨기를 완전히 말려 죽이기는 어렵다.

쇠뜨기의 땅속줄기는 지하 1미터 깊이에서 퍼져 있기 때문에 지면 위나 지상 가까운 곳의 쇠뜨기를 말려 죽였다 해도 그 본체까지 죽이기는 어렵다.

'잡초 중의 에이스'라고 말할 수 있는 쇠뜨기는 사실 양치식물이다. 진화 과정으로 생각하면 뒤처진 존재다. 쇠뜨기의 동료는 고생대(약 5억 7000만 년 전~2억 4700만 년 전)에 번성했다. 고생대라면 공룡이 활약한 중생대(약 2억 4700만 년 전~6500만 년 전)보다 이전 시대다. 쇠뜨기는 이런 고생대부터 존재한 원시식물로 알려졌다. 다시 말하면, 살아 있는 화석이다.

식물은 선태식물에서 양치식물, 겉씨식물, 속씨식물로 진화했고, 속씨식물은 다시 목본식물木本植物에서 초본식물草本植物로 진화했다.

하지만 이상하다. 목이 짧은 조상에서 목이 긴 기린으로 진화했듯 진화라면 보다 우수한 형태로 바뀌어 간다는 이미지가 있다. 자연계는 적자생존이다. 보다 우수한 것이 살아남고 보다 뒤떨어진 것은 사라진다. 실제로 목이 짧은 기린의 조상은 지금 존재하지 않는다.

그렇다면 왜 선태식물이나 양치식물 같은 낡은 형태가 지금까지 살아남아 있는 것일까?

자연계에서는 우수한 것이 살아남고 뒤떨어지는 건 사라진다. 그 말은 살아남은 것은 모두 우수하다는 뜻이다. 그렇다고 새로운 시스템이 우수하다고 단정할 수는 없다. 새롭게 태어난 시스템이 확실히 우수할지는 모르지만 여전히 장점과 단점이 있다. 진화를 통해 잃어버리는 것도 있다.

환경이 다르면 낡은 시스템 쪽이 더 우수한 경우도 있다. 그 때문에 진화 과정에서 낡은 취급받는 선태식물이나 양치식물이 지금까지 살아남은 것이다. 낡은 시스템을 유지하면서 선태식물은 선태식물 나름대로, 양치식물은 양치식물 나름대로 시대에 맞춰 진화를 이루었다.

현재 우리 눈앞에 있는 식물은 모두 진화의 최신형이다. 양치식물은 줄기와 잎의 구별은 있지만 씨앗을 만드는 식물만큼 그 구별이 쉽지는 않다. 우리가 일반적으로 생각하는 양치식물에서 지상에 뻗어 있는 것은 줄기가 아니라 잎이다. 그리고 줄기는 일어서지 않고 땅속으로 뻗어 있다. 이렇게 지면 아래에서 뻗는 줄기는 땅속줄기라고 불린다.

한편 쇠뜨기는 잎이 퇴화되었다. 지상에 뻗어 있는 잎처럼 보이는 것은 줄기다. 그리고 땅속에도 땅속줄기를 뻗고 있다.

쇠뜨기

깊은 곳에 숨은 그 땅속줄기가 지상까지 줄기를 뻗고 있는 것이다. 제초제를 뿌리고 김매기를 해도 땅속줄기는 살아남는다. 이 단순한 구조야말로 쇠뜨기의 강인함이다. 항상 새로운 것이 좋다고 단정할 수는 없다. 때로는 낡은 시스템 쪽이 힘을 발휘하는 경우도 있다.

쇠뜨기에게 배운다 ————
시대에 뒤떨어졌다고 느껴지는 대상이라도
장점을 다시 살펴본다.

혼자만의 승리는
오래가지 않는다

양미역취(국화과)

외국에서 건너온 외래종 잡초는 강하고 나쁜 이미지가 있지만 실제로는 그렇지 않다. 외국에서 건너온 잡초 입장에서 볼 때 새로운 터전은 익숙하지 않은 낯선 환경이다. 그렇기 때문에 수많은 잡초들이 건너오지만 대부분은 새로운 환경에 적응하지 못하고 죽는다. 따라서 한정된 외래종 잡초만이 뿌리를 내리고 정착할 수 있다. 다시 말하자면, 강하고 침략적인 잡초들만 살아남는다. 그중에서 양미역취는 단연 선구적인 존재다.

양미역취는 제2차 세계대전 이후 미국에서 수입된 물자에 씨앗이 섞여 들어와 증가했다. 그리고 전후 부흥기부터 고도성장을 거치는 동안 물자 이동이 활발해짐에 따라 일본 전역으로 퍼져 나갔다.

그때까지 일본 가을의 일반적인 들판 풍경은 억새밭이 펼쳐지거나 메마른 들판에 야생화가 드문드문 피어 있었다. 하지만 양미역취는 가을 들판을 노란색으로 물들였다. 그때까지 본 적 없었던 가을 풍경으로 사람들은 외래 잡초의 존재감을 확인하게 되었다.

양미역취가 한꺼번에 만연한 데는 이유가 있다. 양미역취는 뿌리에서 독성이 있는 물질을 분비하여, 그 독으로 경쟁이 되는 주변 식물을 몰아낸다. 다른 식물들이 이길 방법은 당연히 없다.

그 결과 양미역취가 승리를 거머쥐고, 가을의 들판에 군락을 형성하게 된 것이다. 하지만 그렇게 맹위를 떨쳤던 양미역취는 현재 완전히 쇠퇴했다.

도대체 양미역취에 무슨 일이 일어난 것일까

양미역취가 쇠퇴한 원인은 자가 중독에 있었다. 다른 경쟁

양미역취

상대가 있을 때 독은 강력한 무기였다. 그러나 경쟁 상대가 사라져버리자 상대를 공격해야 할 독에 스스로 피해를 입게 되었다. 강력한 무기가 도리어 자신에게 상처를 입히는 칼날이 된 것이다.

양미역취의 실패는 자연계에서는 '독단적인 승리를 허락하지 않는다'는 사실을 보여주는 좋은 예다. 물론 일본에서는 말썽꾼 취급을 받는 양미역취이지만 원산지인 미국에서는 여전히 귀여운 조국의 꽃으로 사랑받는다.

애당초 일본에서는 양미역취를 '키가 크다'는 이유에서 '키큰 미역취'라고 부른다. 키가 몇 미터 높이로 생장하기 때문이다. 그러나 신기하게도 원산지인 미국에서는 그렇게 키가 크지 않다. 1미터에도 미치지 않을 정도의 크기다. 이 정도의 키라면 귀여운 느낌이 든다. 더구나 일대에 군락을 형성하는 경우도 없고, 수많은 화초 사이에 군데군데 피어 있다. 최근에는 다른 나라에서 미국으로 침입하는 외래 잡초로부터 재래종 양미역취를 지키려는 활동까지 일고 있다. 원산지에서는 그만큼 귀여운 존재다.

원산지에서 귀여움을 받는 들꽃이 왜 일본에서는 괴물이

되어버렸을까. 그 진상은 알 수 없지만 어쩌면 익숙하지 않은 일본의 환경에서 필사적으로 살아남으려고 노력한 결과인지도 모른다.

그건 그렇고 이상하다. 원산지에서는 독을 발산하지 않는 것일까? 그럴 리는 없다. 양미역취는 원산지에서도 독을 발산한다. 그러나 미국의 식물들은 훨씬 오래전부터 양미역취와 함께 진화해 왔다. 양미역취가 독을 발산한다 해도 다른 식물들 역시 그 대응책을 진화시켜 온 것이다.

사실 모든 식물은 뿌리에서 화학물질을 내보낸다. 주변 식물을 공격하기 위해서거나 병원균이나 해충으로부터 몸을 지키기 위해서다. 양미역취가 독을 발산한다 해도 이웃 식물들역시 마찬가지로 화학물질을 발산하고 있으니 서로 피차일반이다.

양미역취가 내는 독 정도로 영향을 받는 식물이라면 미국에서는 살아남을 수 없다. 하지만 일본 식물에 있어서 양미역취가 내는 독은 경험한 적이 없는 미지의 물질이기 때문에 어쩔 수 없이 밀려난 것이다. 그러나 마지막에는 자가 중독에 의해 양미역취 자신도 피해를 당했다. 지금은 재래종 억새에 밀리는 듯한 현상까지 보이고 있을 정도다.

모든 생물이 균형 속에서 함께 살아간다

물론 양미역취가 쇠퇴한 원인이 그뿐만은 아니다. 일본에 침입해 온 외래 잡초의 이점은 모국에서는 위협이었던 천적 해충이나 병원균이 없다는 것이다.

일본으로 막 건너왔을 무렵에는 양미역취를 공격하는 해충이 없었다. 그러나 최근에는 천적인 해충도 미국에서 일본으로 건너왔다. 또 일본의 병원균들도 양미역취를 감염시킬 수 있을 정도로 변화했다. 어쩌면 일본의 식물들도 양미역취에 대한 대응책을 발달시켰는지 모른다. 지금은 양미역취 역시 다른 식물에 섞여 꽃을 피운다.

양미역취가 쇠퇴했다는 말이 자주 등장하는데 과연 그럴까? 가을 들판에 피는 양미역취는 1미터에도 미치지 못하는 작은 키다. 원산지인 미국에서 보는 것과 비슷한 귀여움이 느껴진다. 지금은 양미역취가 완전히 일본의 가을 풍경 안에 녹아든 것처럼 보인다.

자연계에서는 다양한 생물이 경합하거나 서로 도우며 살아간다. 혼자만의 승리도 없고 혼자만의 패배도 없다. 그 균형 속에서 모든 생물이 함께 살아간다.

혼자만의 승리가 과연 성공일까? 양미역취는 지금 본래의 '자기다움'을 되찾아 가고 있는 것이 아닐까?

양미역취에게 배운다 ————

자기다움을 되찾으면
무리하지 않고 잘 살 수 있다.

기생해서 살아가는 것은
쉽지 않다

새삼(메꽃과)

식물의 뿌리는 몸을 지탱하고 물이나 영양분을 흡수하기 위한 중요한 기관이다. 하지만 새삼이라는 잡초는 이상하게도 뿌리가 없다.

물론 '뿌리가 없다'고는 하지만 처음부터 뿌리가 없는 것은 아니다. 씨앗에서 싹이 갓 나올 무렵에는 확실하게 뿌리를 가지고 있다. 새삼은 나팔꽃과 같은 메꽃과의 덩굴식물이다. 다른 덩굴식물이 그렇듯 달라붙을 대상을 찾아 지면을 기어간다. 하지만 새삼은 다른 덩굴식물처럼 아무것이나 감고 올라가지 않는다. 인공적인 기둥이나 말라버린 나무는 쳐다보지도 않는다.

외모도 생태도 그야말로 기둥서방

새삼 덩굴이 찾는 대상은 싱싱하게 살아 있는 식물이다. 새삼은 사냥감을 노리는 뱀처럼 주변 식물을 스치고 지나가며 달라붙을 상대를 찾는다. 그리고 사냥감을 발견하면 덩굴로 휘감기 시작한다. 사실 새삼은 다른 식물로부터 영양분을 빼앗아 생활하는 기생식물이다. 필요한 영양분은 다른 식물로부터 공급받으니까 양분을 흡수하기 위한 뿌리나 광합성을 하기 위한 잎은 필요 없다.

새삼이 사냥감을 포착하면 지면을 기어다닐 때 있던 뿌리는 필요 없기 때문에 결국 사라져버린다. 대신 흡혈귀의 이처럼 날카로운 기생뿌리를 덩굴로 휘감은 식물의 몸에 박는다. 그리고 생피를 빨듯 사냥감으로부터 영양분을 흡수한다.

광합성을 할 필요도 없는 새삼은 광합성을 위한 엽록소가 없기 때문에 황백색을 띤다. 그 모습은 그야말로 '기둥서방'처럼 보인다. 얼마나 교활한 전략인가. 물론 자연계에 '교활하다'는 말은 없다. 그곳에는 그 어떤 규칙도 없다. 법률도 없고 도덕도 없다. 아무리 지저분한 수단을 사용한다고 해도 살아남기만 하면 승자다.

새삼

그러나 이상한 점이 있다. 아무리 지저분한 수법을 사용해도 살아남기만 하면 승자인 세계인데, 새삼처럼 완전히 상대방에게 기생하는 식물은 뜻밖으로 별로 없다.

새삼 같은 기생식물이 왜 적을까

유감스럽지만 그 이유는 알 수 없다. 그러나 새삼을 보고 있으면 왠지 모르게 이유를 알 수 있을 것 같은 느낌이 든다. 기생이라는 전략은 상대방에게 전적으로 의존해야 한다. 새삼이 무성해지면 때로는 상대 식물을 말려 죽이는 경우도 있다. 기생한 식물이 약해져 죽어버리면 새삼도 죽는다. 사냥감이 부족하면 새삼끼리 서로를 감고 잡아먹기도 한다.

식물은 빛과 물과 영양분만 있으면 살아갈 수 있는 존재다. 그런데 새삼은 사냥감인 식물이 없으면 살 수 없다. 새삼의 삶은 어지간히 가혹하다. 새삼이 같은 장소에 매년 무성한 모습을 보이는 경우는 별로 없다. 새삼이 무성했던 장소를 이듬해에 가보면 그곳에는 더 이상 새삼의 모습이 보이지 않는다. 아마 상당히 모험적인 생활을 하는 듯하다.

되풀이하지만 자연계에는 '교활하다'는 말은 없다. 모든 방법이 허용된다. 그러나 결국 교활한 방식은 좋은 결과를 낳지 않는다. 아무런 규칙도 없고 도덕도 없는 자연계이지만 생물들은 뜻밖으로 서로를 도우면서 살아간다. 이것은 정말 신기한 일이다.

결국 서로를 돕는 쪽이 강하다. 아마 이것이 생물이 진화 끝에 얻게 된 해답인 듯하다.

새삼에게 배운다 ─────
교활한 방식은 버리고
서로 돕는 방법을 찾는다.

필요 없는 개성은
만들지 않는다

뿌리뱅이(국화과)

잡초는 변이가 크다는 특징이 있다. '변이'란 같은 생물 종 중에서 형질이 다른 것을 가리킨다. 예를 들어 인간 중에도 키가 큰 사람과 키가 작은 사람이 있다. 이것은 변이다. 그러나 키가 큰 이유는 두 가지를 생각할 수 있다. 하나는 유전이다. 부모와 형제가 모두 키가 크다. 원래 키가 커지는 유전적인 형질이 있다.

또 하나는 환경이다. 유전적으로 같은 쌍둥이 형제라도 각각 다른 환경에서 자라는 동안에 충분히 운동하거나 영양이나 수면을 듬뿍 취한 쪽이 키가 더 클 수 있다. 이것은 유전이 아니라 환경적 영향이다.

이처럼 성질을 정하는 데는 선천적인 '유전'과 후천적인 '환경'이 있다. 잡초의 변이에도 유전과 환경이 영향을 끼친다. 변이 중에서 유전적 영향에 의한 것은 '유전적 변이genetic variation'라고 불린다. 여기에 비해 환경에 의해 변화하는 것을 '표현형 가변성phenotypic plasticity'이라고 부른다. 잡초는 이 유전적 변이와 표현형 가변성 모두에 강한 영향을 받는다.

즉, 천성적으로 갖춘 형질도 제각각이고 환경에 대응하여 변화하는 능력도 크다. 잡초는 변화하는 환경을 터전으로 삼는다. 그 때문에 변화에 대응하여 잡초 자신도 변화하도록 진화한다.

균일하게 갖추지 않아야 강하다

뽀리뱅이라는 잡초는 지면에 로제트 모양의 잎을 펼치고 있는데, 잎의 형태에 변이가 크다. 그 때문에 잎만 보고는 도감과 비교해 봐도 뽀리뱅이를 판별하기는 쉽지 않다. 단, 꽃이 피면 뽀리뱅이라는 사실을 쉽게 알 수 있다. 뽀리뱅이의 꽃은 변이가 거의 없다. 모두 노란색을 띠고, 같은 형태다.

뿌리뱅이뿐 아니라 잡초의 꽃은 비교적 변이가 적다. 그 때문에 변이가 큰 식물도 꽃을 보면 종류를 쉽게 구분할 수 있다. 식물 도감 등에도 꽃의 특징을 바탕으로 종류를 식별하도록 설명이 되어 있다.

그런데 왜 꽃은 변이가 적은 것일까? 사실 잡초의 변이가 큰 것은 환경에 적응하기 위해서다. 잡초에 있어서 가장 위험한 것은 균일하게 갖추어지는 것이다. 뛰어난 엘리트만을 모으는 것은 어려운 일이 아니다.

그러나 환경은 항상 변한다. 어떤 형질이 우수한가 하는 문제는 환경에 따라 바뀐다. 선발된 엘리트가 그 환경에 적응하지 못하면 그 집단은 전멸해 버린다. 어떤 것은 추위에 강하고, 어떤 것은 건조함에 강하다. 그리고 어떤 것은 질병에 강하고, 어떤 것은 생장이 빠르다. 이처럼 유전적으로 다양성이 있으면, 그 환경에 적응한 개체가 살아남는다.

잡초만이 아니다. 다양성을 유지하는 것은 생물이 살아남는 데 매우 중요한 점이다.

뿌리뱅이 잎의 변이에 어떤 이점이 있는지는 알 수 없다. 예를 들어 뿌리뱅이의 뿌리잎은 도피침형인데, 깃꼴이 깊게 갈라지는 것과 그렇지 않은 것이 있다. 깃꼴이 깊게 갈라지는 잎은 물을 운반하는 잎맥 주변의 잎만을 남기고 나머지는 떨어뜨려 버린다. 그 때문에 건조한 환경에 강하다는 특징을 보인다. 한편 깃꼴이 깊이 갈라지지 않은 잎은 적은 면적으로 광합성을 하는 데 유리하다.

깃꼴이 갈라진 잎과 그렇지 않은 잎 중 어느 쪽이 우수한지는 알 수 없기 때문에 뽀리뱅이는 모두를 보유하는 다양성을 선택했다. 그렇다면 꽃에는 왜 변이가 적은 것일까?

지금 보고 있는 꽃이 정답

뽀리뱅이꽃의 색깔과 형태에 정답이 있다. 즉, 우리가 보는 뽀리뱅이의 꽃이 그 정답이다.

정답이 있는 것은 그 정답 쪽으로 진화하고, 정답이 없는 것은 다양한 가능성을 남겨 다양성을 유지한다. 그것이 생물의 기본적인 전략이다.

그렇다면 우리는 어떨까? 다양성은 우리 인간 세계에서는 '개성'이라고 불리는 것일지 모른다. 우리는 누구나 눈이 두 개

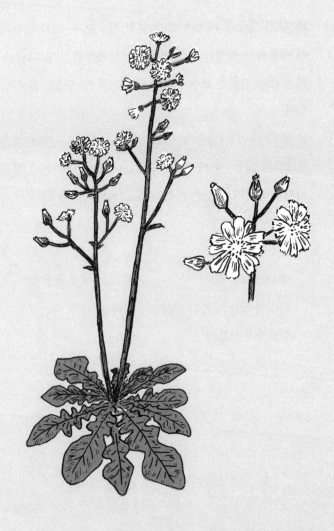

뿌리뱅이

다. 눈의 개수에 개성은 없다. 눈의 개수는 두 개가 일반적이기 때문이다. 입이나 귀의 개수도 역시 개성은 없다. 그러나 우리 인간의 얼굴은 모두 다르다. 즉, 유전적인 다양성을 지니고 있다.

또한 우리 인간은 능력도 성격도 다르다. 그러나 생물은 필요하지 않은 개성은 만들지 않는다. 만약 능력이나 성격에 차이가 있다면, 그것은 개성이 필요하다는 뜻이다.

뿌리뱅이에게 배운다 ─────
개성이 있는 것은 다양성을 유지하는 것이
필요하기 때문이다.

잡초의 수만큼 생존 전략도 자유롭고 극적이다

잡초는 한자로 '雜草'라고 쓴다. '잡雜'은 '조잡하다', '엉성하다', '거칠다'라는 뜻을 가졌다.

'중국잡기단中國雜技團'에 이 '雜'이라는 글자가 사용된다. 물론 중국잡기단이 조잡한 기예를 선보이는 것은 아니다. 그들의 기술은 고도로 세련되었다. '잡기'는 '다양한 기술'이라는 의미다. 그러고 보니 잡지나 잡학 등 '잡'이 붙는 단어도 대표적인 것은 아니지만 '그 밖의 여러 가지'라는 뉘앙스가 있다.

'잡초'라고 뭉뚱그려 이야기하는 경우가 많지만 사실 잡초의 종류는 엄청나게 많다. 그리고 그 잡초들은 각각의 전략을 세워놓고 살아간다.

잡초는 어디에서도 볼 수 있다는 느낌이 들지만 실제로는 그렇지 않다. 이 책에서 살펴보았듯 잡초들은 각각의 전략에 적합한 자신 있는 장소에서 살아간다. 예를 들어 발길에 자주 밟히는 장소에는 밟히는 데 자신 있는 잡초가 산다. 그리고 밟히는 과정을 통해 목적을 이룬다. 또 풀베기를 당하는 장소에서는 풀베기에 자신 있는 잡초가 자라며 풀베기를 당하는 과정을 통해 목적을 이룬다. 즉, 잡초의 수만큼 다양한 전략이 존재한다.

잡초는 '다양한 풀'이다. 수많은 종류의 잡초가 있고, 각각 다양한 삶을 살아간다. 같은 잡초라 해도 환경이 바뀌면 살아가는 방식도 바뀐다. 환경에 따라 살아가는 방식도 다양해지는 것이다.

그뿐이 아니다. 자신이 성공해도 거기에 전혀 얽매이지 않고 다양한 자손을 남긴다. 성공하는 방법은 한 가지가 아니라는 사실을 잘 알고 있고, 삶의 방식에 정답은 없다는 사실도 잘 알고 있기 때문이다. 그야말로 잡초는 '다양한 풀'이라는 표현에 잘 어울린다.

'雜'은 무엇일까?

'雜'은 정리되지 않는 힘이다.

'雜'은 틀에 얽매이지 않는 힘이다.

'雜'은 상식이나 고정관념에 사로잡히지 않는 힘이다.

'雜'은 변화하는 힘이다.

'雜'은 새로운 것을 낳는 힘이다.

그렇다면 현시대야말로 '雜'이 어울린다. 이 책에서 살펴본 것처럼 잡초에 있어서 예측이 불가능한 변화는 견뎌내야 하는 것이 아니다. 극복해야 하는 것도 아니다. 그것은 기회다.

지금은 미래가 보이지 않는 시대다. 예측이 불가능한 변화의 시대다. 이런 시대에 '雜'의 힘은 무엇일까? 이를 통해 우리는 무엇을 배우고 어떤 미래를 열어갈 수 있을까?

이제 잡초들의 시대가 찾아왔다.

이나가키 히데히로

조용하고 끈질기게 살아남은
잡초들의 전략

초판 1쇄 인쇄 2024년 7월 3일
초판 1쇄 발행 2024년 7월 10일

지은이 | 이나가키 히데히로
옮긴이 | 이정환
펴낸이 | 한순 이희섭
펴낸곳 | (주)도서출판 나무생각
편집 | 양미애 백모란
디자인 | 박민선
마케팅 | 이재석
출판등록 | 1999년 8월 19일 제1999-000112호
주소 | 서울특별시 마포구 월드컵로 70-4(서교동) 1F
전화 | 02)334-3339, 3308, 3361
팩스 | 02)334-3318
이메일 | book@namubook.co.kr
홈페이지 | www.namubook.co.kr
블로그 | blog.naver.com/tree3339

ISBN 979-11-6218-296-3 03480